U0298177

植物工厂

杨其长 著

清华大学出版社
北京

图书在版编目（CIP）数据

植物工厂 / 杨其长著. — 北京：清华大学出版社，2019.9（2024.8重印）
ISBN 978-7-302-53743-4

Ⅰ.①植…　Ⅱ.①杨…　Ⅲ.①农业技术—高技术—研究—中国　Ⅳ.①S-39

中国版本图书馆CIP数据核字（2019）第195764号

责任编辑：刘　杨
封面设计：意匠文化·丁奔亮
责任校对：王淑云
责任印制：宋　林

出版发行：清华大学出版社
　　　　　网　　　址：https://www.tup.com.cn，https://www.wqxuetang.com
　　　　　地　　　址：北京清华大学学研大厦A座　　　邮　　编：100084
　　　　　社 总 机：010-83470000　　　　　　　　邮　　购：010-62786544
　　　　　投稿与读者服务：010-62776969，c-service@tup.tsinghua.edu.cn
　　　　　质量反馈：010-62772015，zhiliang@tup.tsinghua.edu.cn
印 装 者：小森印刷（北京）有限公司
经　　销：全国新华书店
开　　本：165mm×235mm　　印　　张：15.75　　字　　数：207千字
版　　次：2019年10月第1版　　　　　　　　　印　　次：2024年8月第4次印刷
定　　价：86.00元

产品编号：083632-02

序一

　　自 1957 年丹麦克里斯滕森（Christensen）农场建成第一座植物工厂以来，奥地利、荷兰、日本、瑞典等国研究出多种类型的植物工厂，人们憧憬着植物产品也能像工业产品一样在工厂里生产。实现植物产品的工厂化生产，从当代的科技角度来看并不难，但难的是如何降低植物工厂的能耗和成本，建成可获得经济效益的植物工厂。

　　近年来，LED 照明技术不断进步，售价不断降低，为植物工厂提供了低能耗的光源，推动了植物工厂的新发展。近 10 多年来，我国植物工厂发展迅速，目前已有 150 多座不同类型的植物工厂相继建成，如深圳、厦门等地建成了单体面积超过 10000 m² 的世界最大规模的植物工厂，浙江建成了栽培层数达 20 层的超高层植物工厂，一批知名企业也纷纷加入植物工厂发展行列。目前利用植物工厂原理，科研人员已研制出多种植物生产装置，既有大到 10000 至数万平方米植物工厂，也有小到家庭使用的微型植物生长装置，甚至还有可在空间站使用的植物生长箱等。然而，尽管当今的植物工厂已经大幅降低了产品成本，仍然难以获得较高的经济效益，近期内植物工厂仍然需要与其他业态结合以获取效益或者作为展示教育基地发展。另一方面，近年来智能农业（智慧农业）概念不绝于耳，尽管真正形成智能农业产业还需相当时日，但这是未来农业的努力方向。植物工厂虽还称不上智能农业，但它是设施农业领域距离智能农业最近的生产方式。因此，作为未来农业方向，加强植物工厂向智能化方向发展的系统研究无疑是十分重要的。

　　植物工厂是生产植物产品的地方，它是确保植物在生长发育场所环境适宜的条件下，像工厂生产工业产品一样，采用一定的生产环节和工艺标准，使植物完成从种子到产品器官成熟（商品成熟或生理成熟）的高效生产系统。要确保植物生产场所的适宜环境，必须用精准调控手段，保证植物全生育期所需温度、湿度、光照、CO_2 浓度以及营养等环境不受或很少受自然环境制约，这就需要完全密闭或半密闭的设施空间和高精度的环境控制系统。同时，要获得植物的高产，就必须高效利用空间，这就需要有充分利用设施内水平和垂直空间的立体生产模式。由此可见，植物工厂是一个复杂的系统。尽管从世界上第一座植物工厂建成至今已过去了一个甲子，对它的研究仍然是一个较新领域，其复杂的生产系统仍需不断完善，需要一批有志者去不断探索，共同推动这一领域的科技进步。

杨其长博士及其团队长期从事植物工厂领域的研究工作，在植物工厂光配方构建及 LED 光源创制、光－温耦合节能环境调控、采收前短期连续光照提升蔬菜品质以及多因子协同智能管控等关键技术方面取得了系列创新成果，推动了中国植物工厂的发展。特别是他 2013 年和 2017 年分别牵头组织了国家"十二五"863 计划项目"智能化植物工厂生产技术研究"、国家"十三五"重点研发项目"用于设施农业生产的 LED 关键技术研发与应用示范"等重大项目，在植物工厂关键技术领域形成了一批具有自主知识产权的创新成果。这本《植物工厂》就是作者所在团队近年来最新研究成果的结晶。

《植物工厂》一书详细介绍了植物工厂概念及其发展现状、各系统构成要素，以及光环境及其调控、室内环境及其调控、营养液栽培及其控制、作物品质调控以及药用植物光环境调控等相关技术进展，同时对植物工厂设计要点和典型案例进行了深入分析，对植物工厂的未来发展趋势进行了展望。全书为读者深入了解植物工厂技术构成、科研进展、未来热点以及我国今后发展思路等提供了有益的帮助，非常值得一读。此书的出版必将对推动我国植物工厂的进一步发展产生重要影响。

我和杨其长博士相识多年，见证了他在植物工厂研究领域所取得的成就，前几天他完成了《植物工厂》书稿后，邀我作序，我欣然答应，写了上面的话，仅供参考。最后，值此《植物工厂》即将出版之际，谨向他表示热烈祝贺！

中国工程院院士

2019 年 8 月

序二

I commend the publication of *Plant Factory* by Professor Yang Qichang, and appreciate his great efforts in writing the book. The book consists of 10 chapters covering a wide range of topics including: 1) the concept, configuration, design, challenges and perspectives of plant factories; 2) light, nutrient solution and other environmental factors and their control; 3) plant quality control; 4) medicinal plant production; and 5) a case study in China. Professor Yang is a well-known pioneer in R&D on plant factories in China, and his international activities in the field are also widely known.

The plant factory is a highly efficient plant production system which uses precisely controlled facilities to continuously produce value-added crops. Plant factories will help solve issues related to food, environment, resources and health, which are worsening amid the rising global population demanding a higher quality of life, the decrease and aging of the farming population, and the shrinking availability of irrigation water and arable land area.

Theoretical benefits of plant factories include: 1) a high degree of freedom of environment control and the ability to create any environment at minimal cost; 2) the rates of resource supply, plant production and waste production can be measured and controlled; and 3) efficiency of resource use (the ratio of resources that are fixed or retained in plants to the amount of resources supplied to the plant factory) can be estimated in real time for each resource including electricity, water, CO_2, fertilizer and seeds. The goal of plant factory R&D is to maximize product yield and quality while minimizing the usage of resources, environment, and land area.

Compared to greenhouses, plant factories can reduce the amount of irrigation water per kg of produce by 95% by recycling transpired water vapor from plants（by condensing and collecting it at the cooling coil of air conditioners and returning it to the nutrient solution tank）. The productivity of leafy lettuce per unit land area is more than 100 times higher in a plant factory than in an open field. Thanks to this very high productivity, plant factories can be built in urban areas where the soil is not fertile or is contaminated, thus reducing the CO_2 footprint, loss of produce during transportation, and time taken to deliver fresh vegetables to consumers. However, not all of these theoretical benefits have yet been achieved in existing plant factories, and many issues remain to be solved.

The number and total floor area of plant factories in China have been increasing rapidly, and so too have their agricultural and social significance. I hope this book will serve as a useful resource for researchers, graduate students, businesspeople, policymakers and many others who are interested in using plant factories to solve issues and improve productivity. Readers will learn many aspects of plant factories, and will be inspired and motivated to learn more. This book will contribute to the academic, social and business importance of plant factories.

Toyoki Kozai

Honorary President

Japan Plant Factory Association

（日本千叶大学前校长、日本植物工厂研究会原会长）

2019.8

前言

　　近年来，植物工厂在东亚与欧美，尤其是在日本、韩国、中国、美国、荷兰、新加坡等国家发展迅速，并引起社会广泛关注。植物工厂之所以再次成为热点，原因是多方面的，一是人工光源技术的重大突破，尤其是植物光生物学技术的进步以及发光二极管（light-emitting diode，LED）光源成本的大幅下降，使植物工厂光源能耗过高的问题得到了较好的解决；二是城市化快速发展的需要，随着居民生活水平的提高，人们对洁净、安全的新鲜蔬菜等食物需求不断上升，植物工厂正好适应了这种需求；三是资源高效利用以及特殊场所的战略需要，尤其是对资源相对不足国家和地区食物产能水平的提升，以及岛礁、极地、空间站与星月探索等特殊场所的食物保障均显示出良好的潜能。因此，在众多有利的因素推动下，植物工厂呈现出快速发展的势头。

　　然而，植物工厂毕竟是一个新生事物，在发展过程中面临着来自产业与技术本身的各种挑战，如投资成本与运行费用相对较高，如何才能获得预期的经济效益；如何通过光生物学机制的研究获取植物光配方优化参数，实现 LED 光源的精准调控；如何通过节能技术创新减少光源与空调系统的能耗；如何从技术的角度进一步提升植物工厂蔬菜的口感与营养水平，满足大众对高品质蔬菜的需求。本书试图从专业的角度系统阐明植物工厂基本原理，介绍环境与营养调控的基础理论与技术体系，探讨减少系统能耗、降低运行费用的技术途径，阐述提升蔬菜品质的技术方法，并对运行成本与经济效益进行详细解析。

　　本书是作者先前出版的《植物工厂概论》（2005 年）、《植物工厂系统与实践》

（2012 年）的姊妹篇，前两本著作重点对植物工厂的定义、发展历程、结构特征、系统构成、关键配套技术等一些基础性的内容进行了介绍，由于当时我国植物工厂刚刚起步，对植物工厂的理论探讨和技术把握还比较浅显。近年来，随着我国植物工厂的快速发展，产业规模不断扩大，一些基础理论和核心关键技术取得重要突破，如植物光生物学与光配方构建、光－温耦合节能环境控制、采前短期连续光照调控蔬菜品质以及基于物联网的智慧管控技术等，均取得了重要进展，不仅为国际植物工厂发展做出了重要贡献，而且也为本书的出版提供了有效的技术支撑。

本书一共分为十章，主要包括：植物工厂概论、植物工厂构成要素、光环境及其调控、室内环境及其调控、营养液栽培及其控制、作物品质调控、药用植物栽培技术、典型案例介绍及成本分析、植物工厂建设与设计要点以及挑战与展望等。与前两本著作相比，本书更多地增加了一些基础理论分析以及近年来作者团队的最新成果，希望这些内容的介绍能对全国植物工厂同行以及关注植物工厂事业的读者朋友们提供一定的参考和帮助。

感谢清华大学出版社编辑们的执着精神与大力支持，感谢日本千叶大学前校长、日本植物工厂研究会原会长古在丰树先生为本书作序以及多年来对中国植物工厂事业不遗余力的支持，感谢中国工程院院士李天来先生在百忙之中为本书写序以及对植物工厂发展提出的中肯建议，感谢仝宇欣、程瑞锋、李琨、李涛、陈晓丽、方慧、卜中华、周晚来等同事和学生们为本书撰写给予的帮助，感谢肖玉兰教授、刘文科研究员、魏灵玲研究员、鲍顺淑博士等为本书所提供的素材。该书是集体智慧的结晶，没有他们的工作成果和奉献精神，也就没有本书的出版。同时，由于时间关系，该书错漏之处在所难免，敬请广大读者批评指正。

杨其长

2019 年 7 月

目录

植物工厂

第一章

概　论

概　念

植物工厂是在完全密闭或半密闭条件下通过高精度环境控制，实现作物在垂直立体空间上周年计划性生产的高效农业系统。由于植物工厂充分运用了现代工业、生物工程与信息技术等手段，技术高度密集，多年来一直被国际上公认为设施农业的最高级发展阶段，是衡量一个国家农业高技术水平的重要标志之一，受到世界各国的高度重视。

植物工厂（plant factory）一词由日本专业学会和媒体最早开始使用，随后逐渐被日本、中国和韩国等东亚一些国家所采用。2009 年之后，"植物工厂"概念开始被欧美一些国家接受并采用，目前植物工厂已经成为约定俗成的专业名称。

与传统植物生产方式（露地、大棚或温室）相比，植物工厂具有明显的优势：①环境（光照、温度、湿度、CO_2 浓度以及根际营养等）完全可控，不受或很少受外界自然条件的制约，可实现周年按计划均衡生产、稳定供给；②单位土地资源利用率高，垂直空间立体栽培可使单位面积产量达到露地生产的几十倍甚至上百倍；③不施用农药，不存在土壤重金属污染，产品洁净安全；④操作省力，机械化、自动化程度高，工作环境相对舒适，可吸引年轻一代务农；⑤不受土地的约束，可在非耕地上进行生产；⑥可建在城市周边或城区内，实现就近产销，大大缩短产地到市场的运输距离，降低物流成本和碳排放。

基于以上独特的优势，植物工厂被认为是未来世界各国解决人口增长、资源紧缺以及新时代劳动力不足等引起食物安全问题的重要途径，同时也是国防、空间站以及星月探索等特殊场所新鲜食物补给的重要手段。

1.2

分类及特点

植物工厂依据其使用的光源类型、建设规模、栽培植物以及用途不同，有不同的分类方法。下面分别介绍几种典型分类方法。

1.2.1　按采用光源分类

植物工厂根据采用的光源类型可分为人工光利用型植物工厂（plant factory with artificial light）、太阳光利用型植物工厂（plant factory with solar light）和人工光与太阳光兼用型植物工厂（plant factory with artificial light and solar light）。这种分类方式是目前在日本、韩国使用最广泛的一种，由于后两种类型可并列为一种，笔者认为分为人工光利用型和太阳光（有补光或无补光）利用型植物工厂即可。

人工光利用型植物工厂特点及适栽植物

人工光利用型植物工厂是指在完全密闭、环境精确可控的条件下，采用人工光源与营养液立体多层栽培，在几乎不受地理位置和外界气候影响的条件下，进行植物周年计划性生产的一种高效农作方式（图1-1）。其主要特征为：建筑结构为全封闭式，密闭性强，顶部及墙壁材料（硬质聚氨酯板、聚苯乙烯板等）不透光，热绝缘性好，不受室外条件的影响；仅利用人工光源，如高频荧光灯（high frequency fluorescent lighting, Hf）和发光二极管（LED）等；室内光环境（光质、光强、光周期及供光模式等）、温度、湿度、CO_2浓度以及营养液（electrical conducticity, EC、pH、dissolved oxygen, DO 及温度）等要素均可进行精准调控，可实现周年计划性稳定生产；采用营养液立体多层栽培，单位土地面积产出率高；室内无病原菌与病虫害的入侵，不使用农药，产品安全无污染；采用植物在线动态监测、信息实时传输与网络化管控，可实现远程监控；建造成本和运行成本偏高。

基于人工光利用型植物工厂的基本特征，以及从降低运行成本，提高经济效益的角度考虑，其适栽植物一般有以下特点：植株偏矮，高度不宜超过40 cm；需光量不高，光强一般不超过300 $\mu mol \cdot m^{-2} \cdot s^{-1}$；可食部分比例较高，如叶菜类蔬菜；商品价值或功能性成分较高，如种苗、功能性果蔬和药用植物等。本书将主要围绕人工光利用型植物工厂来展开。

图 1-1　人工光利用型植物工厂

太阳光利用型植物工厂特点及适栽植物

太阳光利用型植物工厂是指在半密闭的温室环境下，利用太阳光（或短期人工补光）以及营养液栽培技术，进行植物周年连续生产的一种农作方式（图 1-2）。其主要特征为：温室结构为半密闭式，覆盖材料多为玻璃、PC 板（polycarbonate board，主要成分为聚碳酸酯）或塑料膜（氟素树脂、薄膜等）；光源主要为自然光，适当采用人工光源进行补光，常用的补光光源有高压钠灯和发光二极管（LED）等；温室内备有多种环境因子的监测和调控设备，包括温度、湿度、光照、CO_2 浓度等环境数据采集以及顶开窗、侧开窗、通风降温、喷雾与湿帘降温、遮阳、加温、补光、防虫等环境调控系统；栽培方式以水耕栽培或基质栽培为主；与人工光利用型植物工厂相比，生产环境较易受季节和气候变化的影响，冬季加温和夏季降温能耗较高；设施建设成本较人工光利用型植物工厂低，运行费用也相对低一些。

太阳光利用型植物工厂栽培植物一般以叶菜类、茄果类蔬菜和花卉为主。为了提高经济效益，叶菜类和茄果类蔬菜也可以采用多层立体营养液栽培和人工补光相结合的方式。

图 1-2　太阳光利用型植物工厂（左：叶菜多层栽培；右：果菜多层栽培）

1.2.2 按建设规模分类

按照建设规模，可将植物工厂分为大型（1000 m² 以上）、中型（300~1000 m²）、小型（300 m² 以下）和微型（5 m² 以下）等 4 种类型。

大型植物工厂

大型植物工厂的建设规模一般在 1000 m² 以上，通常用于商业化生产，如富士康建成投产的 10 000 m²（栽培区域 5000 m²、日产蔬菜 2.5 t）植物工厂和中科三安建成投产的 10 000 m²（日产蔬菜 2.5 t）植物工厂等均属于这种类型（图 1-3）。

图 1-3　大型植物工厂（左：富士康植物工厂；右：中科三安植物工厂）

中型植物工厂

中型植物工厂的建设规模一般在 300~1000 m²，主要以商业化生产为主，也有部分用于科研展示与示范。2012 年建设完成的山东寿光蔬菜博览园区内展示用植物工厂和 2018 年建设完成的潼南旭田植物工厂等均属于这类植物工厂（图 1-4）。

图 1-4 中型植物工厂（左：寿光蔬菜博览园植物工厂；右：潼南旭田植物工厂）

小型植物工厂

小型植物工厂的建设规模一般在 300 m² 以下，主要用于科学研究或技术展示与示范，也有部分与商场、超市、餐厅等场所结合进行即摘即食果蔬的商业化生产。2014 年在中国农业科学院建设完成的科研用植物工厂、北京当代商城与西餐厅结合进行果蔬商业化生产的植物工厂（图 1-5）。近年来逐渐被推广应用的集装箱式植物工厂也属于这种类型。由于集装箱式植物工厂样式多、移动性强，因此近年来被推广应用于科研院所、边防哨所、岛礁、舰船等场所，被用于科研、教学、育苗、叶菜、药用植物和矮化果菜和花卉的生产等，具有广泛的应用前景。

图 1-5 小型植物工厂（左：中国农业科学院建设完成的科研用植物工厂；右：北京当代商城与西餐厅结合进行果蔬商业化生产的植物工厂）

微型植物工厂

微型植物工厂是针对家庭、学校、办公区域、空间站等特殊场所设计的人工光植物生产装置，虽然名称上用植物工厂的称谓，但实际上就是人工光与营养液栽培相结合的植物生产装置。建设规模一般较小，不超过 5 m²（图 1-6）。

图 1-6　微型植物工厂

1.2.3　按栽培植物分类

按照栽培植物的种类不同，可将植物工厂分为育苗、叶菜、果菜、花卉、药用植物等类型。

1.2.4　按用途分类

按照用途的差异可将植物工厂分为：用于植物规模化生产的生产型植物工厂；用于科学试验与创新研发的科研型植物工厂；用于科普教育、技术展览展示与观光休闲的示范型植物工厂。

1.3

发展背景

迄今为止，农业生产方式大体经历了露地栽培、设施栽培、植物工厂等主要形态。每一种新的农业生产形态的产生都是社会和技术发展到一定阶段的必然产物，植物工厂的发展也有其自身的社会、经济和技术背景。

1.3.1　社会发展背景

缓解人口、资源、环境压力，大幅提高食物产能的需要

21世纪以来，人口飞速增长、环境污染加剧、可用耕地不断减少，全球面临着前所未有的巨大压力。据报道，2011年全球人口已达70亿，到2050年预计将超过95亿。而人均可耕地面积却在不断减少，最近30年，全球人均耕地面积已从0.33 hm^2下降至0.22 hm^2以下。虽然统计口径不同，但事实上我国的可耕地面积也已逼近18亿亩（1.2亿hm^2）红线，而且每年因各种原因净减少耕地面积在92万亩（约61 333 hm^2）以上，人均耕地占有量仅为世界平均水平的1/3。如何利用有限的耕地满足人们日益增长的食物需求已经成为全球性难题。为了提高单产，人们会更加依赖化肥和农药，从而导致环境进一步恶化，资源更加紧张。因此，为了缓解人口的增长给资源与环境带来的巨大压力，探索高效可持续发展的农作方式、大幅提高单位土地的食物产能已成为全球关注的热点。植物工厂具有单位土地资源利用率高、产能倍增的显著特征，必将在未来保障食物安全方面发挥重要作用。

提高果蔬品质，满足人们对绿色安全无污染果蔬的迫切需求

随着人们生活水平的不断提高，人们对绿色洁净安全农产品的需求越来越迫切，设施蔬菜生产亟须从数量向质量转型。一方面，我国设施蔬菜生产经过 40 年的快速发展，已实现数量上的基本满足。据统计，2016 年全国设施园艺面积达 476.2 万 hm^2，其中设施蔬菜面积 370.3 万 hm^2，总产量 2.6 亿 t，人均年占有量达 190 kg，占人均全年蔬菜供应量的 1/3；另一方面，设施蔬菜生产仍在普遍使用各种杀虫剂和农药，药残超标的现象时有发生。人们对蔬菜品质安全的关注度越来越高，迫切需要市场能提供具有安全保障的农产品。植物工厂由于环境完全可控，不使用任何农药，所生产的蔬菜洁净安全无污染，符合大众对高品质农产品的需求，必将成为未来发展的重要方向。

吸引年轻人务农，缓解农业从业人口老龄化的重要选择

农业从业人口老龄化是目前世界许多国家所面临的共性难题。据报道，2018 年日本从事农业的劳动力中，60 岁以上的人口已占 86% 左右，而 40 岁以下的年轻人仅占约 4%。我国目前从事农业的劳动力年龄基本在 40 岁以上，其中超过 60 岁的占 45.4% 以上。年轻人不愿务农的现象日趋严重，吸引年轻人务农已经成为全球面临的重大课题。植物工厂由于机械化、自动化程度高，操作省力，工作环境相对舒适，为吸引年轻人参与现代农业生产、解决农业劳动力不足与老龄化问题提供了有效途径。

1.3.2　技术背景

植物工厂是在环境完全可控条件下进行高效生产的农作方式，不依赖于土壤、阳光等自然条件。营养液栽培技术、人工环境控制以及智能控制技术的不断进步对植物工厂产业发展起到了重要的推动作用。

营养液栽培技术

20 世纪 40 年代以来，以"矿质营养学说"为理论基础的营养液栽培技术在现代农业中得到快速发展和推广应用。70 年代以来，营养液栽培技术得到不断创新和突破。1973 年英国温室作物研究所库珀（Cooper）教授提出营养液膜法（nutrient film technique，NFT）水耕栽培模式，显著减少了营养液用量，简化了栽培结构，降低了生产成本。同时，日本研制出了深液流栽培法（deep flow technique，DFT），并形成了 M 式、神园式、协和式、新和等量交换式等营养液栽培模式。随后，气雾栽培方法的提出使植物根际环境得到进一步改善。营养液栽培技术的不断进步为植物工厂安全清洁生产提供了可能，为植物工厂发展提供了重要的技术支撑。

LED 节能光源技术

LED 发明于 1961 年，是继白炽灯、荧光灯、高气压放电灯之后的第四代光源。作为新一代半导体固态光源，与传统光源相比，LED 具有结构简单，体积小，重量轻，安全性高，寿命长等特点，而且还具有能耗低、发光效率高、发热低、波长专一、光色纯正等光电优势。LED 的出现使植物光环境（光质、光强、光周期）精准调控成为可能，管理人员可以根据植物生长和营养品质需求进行调控。同时由于 LED 属于冷光源，发热量少，使多层立体栽培、近距离照射成为可能，大大降低了人工光植物工厂的制冷负荷，减少了运行成本。随着 LED 技术的不断进步、制造成本的逐年下降，节能型植物专用 LED 光源日益普及，LED 技术为植物工厂发展提供了重要支撑。

智能控制技术

植物工厂环境智能调控的实现是基于物联网和传感器（环境因子传感器和植物信息传感器）技术的基础上而发展起来的。植物工厂作为环境高度可控的生产系统，利用物联网技术将传感器的各种感知信号通过无线或有线的长距离或短距离通信网络与物联网域名连接起来实现互联互通，以实现实时对植物工厂温度、湿度、CO_2 浓度、光照、气流以及营养液 EC、pH、DO 和液温等环境因子进行在线监测、远程控制和智能化管理等。智能控制技术的快速发展为植物工厂实现机械化与自动化管控提供了可能。

1.4 国内外发展历程

1.4.1 国际植物工厂发展历程

植物工厂的发展始于 20 世纪 50 年代欧美的一些发达国家。世界上第一座植物工厂出现于 1957 年的丹麦克里斯滕森农场，面积为 1000 m^2，属于人工光和太阳光并用型，栽培作物为水芹，从播种到收获均采用全自动传送带流水作业。1960 年美国通用电气公司开发成功第一座完全利用人工光的植物工厂，随后陆续有美国通用食品公司、赛纳拉鲁米勒斯公司及依法德法姆公司等多家公司开始进行相关研发。

1963 年奥地利的卢斯那公司建成了一座高 30 m 的塔式人工光型植物工厂，利用上下传送带旋转式的立体栽培方式种植生菜。1974 年日本日立制作所中央研究所高辻正基所在的研究组开始进行人工光植物工厂的研究，对生菜所需的环境因子进行了前期探索。而在日本真正用于生产的第一个人工光植物工厂是 1983 年静冈三浦农场推出的平面式和三角板型植物工厂，光源采用高压钠灯（图 1-7），栽培方式采用气雾培与水耕栽培。

图 1-7 静冈三浦农场建立的人工光型植物工厂

随后，荷兰、美国、奥地利、挪威等国家，以及一些著名企业如荷兰的飞利浦、美国的通用电气、日本的日立和电力中央研究所等也纷纷投入巨资与科研机构联手进行植物工厂关键技术的研发，为植物工厂的快速发展奠定了坚实的基础。

虽然，植物工厂起源于欧美的一些国家，但在推广普及方面日本发挥了重要作用。1989 年 4 月，日本专门成立了植物工厂学会，每年定期召开植物工厂研讨会，有力地推动了植物工厂产业的发展。1990 年之后，日本一些专业学会，如日本营养液栽培研究会、日本园艺学会等也定期开展植物工厂研讨与技术普及工作。2008 年，日本植物工厂学会与生物环境调节学会合并为日本生物环境工程学会，但仍定期举办相关学术交流活动。

2009 年，针对本国土地资源少、年轻人不愿务农、食品自给率低、居民对高品质农产品需求旺盛的现实，日本农林水产省和经济产业省分别启动了"示范性植物工厂实证、展示、培训事业"和"植物工厂核心技术研究据点事业"项目，共投入研发经费 150 亿日元。除了日本政府资助的植物工厂项目以外，一些地方政府和大学等公立机构也纷纷投入经费开展植物工厂技术研究。同时，为了抢占国际农业高端技术市场，一些大学与知名企业（如三菱、丰田、松下等公司）开展合作，研发植物工厂配套技术产品，计划出口到中国、中东、欧美等国家和地区。2009 年日本约有 34 所人工光型植物工厂和 30 所太阳光型植物工厂进行商品菜生产。

2011 年，由于日本东北地区大地震，作为灾区复兴项目的一部分，植物工厂得到政府的进一步资助，加速了产业快速发展。2015 年，日本人工光植物工厂数量已达 185 座，其中位于宫城县多贺市的占地面积 2300 m^2、15 层立体栽培架、日产叶菜 10 000 棵的 LED 植物工厂（图 1-8），以及大阪府立大学的占地面积 550 m^2、18 层栽培架、日产叶菜 5300 棵的 LED 植物工厂最具代表性。至目前为止，日本人工光植物工厂的数量已达 250 座（Kozai，2018）。

图 1-8　日本宫城县多贺市人工光植物工厂

2009 年以来，韩国的植物工厂技术也得到了快速发展。至 2010 年，韩国已建成了 20 余所试验研究型人工光植物工厂，人工光源均采用 LED，面积大多在 300 m^2 以下。以首尔大学为首的一些大学和研究机构，如全北大学、庆尚大学、农业振兴厅等，也陆续开展了植物工厂方面的研究。由于 2009 年韩国政府把"发展低碳绿色产业"列入国家发展战略规划，植物工厂研发与产业发展受到高度关注，一些知名企业，如 LG 集团、乐天集团和 JUN 食品股份有限公司等也纷纷介入，目前韩国的研发重点主要集中在太阳光发电装置辅助的植物工厂、从播种至收获的自动化装置研发、功能性植物和药用植物栽培技术研发等（图 1-9）。但是，与日本相比，韩国植物工厂的商业化程度还不是很高，大多数项目仍处于研究示范阶段。

图 1-9　韩国农业振兴厅太阳光发电装置辅助型植物工厂

2009 年以来，随着亚洲植物工厂技术的蓬勃发展，欧美国家的一些科研单位和企业也开始对人工光植物工厂技术产生兴趣。荷兰的 Plant Lab 公司开始投资研发实用型 LED 植物工厂技术。一直以生产设施园艺用高压钠灯的飞利浦公司也开始着手研发植物生长专用型 LED 光源，目前其生产的 LED 产品已在日本、中国、韩国等国家进行销售。欧洲各国一直从节能和降低运行成本的角度进行植物工厂的研发，尤其是利用计算机系统实现植物工厂的智能化监控，使运行成本大为降低，劳动生产率显著提高，极大地推动了植物工厂的普及与发展。

美国一方面通过植物工厂的研究希望为空间站和星球探索提供食物保障，另一方面还提出了"摩天大楼农业"的构想，希望利用植物工厂资源高效利用技术解决未来农业和空间探索的食物供给难题。近几年，美国也开始利用人工光型植物工厂进行种苗、芽苗菜、嫩叶菜等经济效益较好的植物产品的生产（图 1-10）。位于新泽西州纽瓦克市附近的 Areofarm 植物工厂，占地面积 3000m²，栽培层数达 12 层，采用 LED 光源和气雾培进行嫩叶菜（Baby leaf）的生产，其所栽培的嫩叶菜 16 天即可收获。

图 1-10　美国新泽西州纽瓦克附近的 Areofarm 植物工厂

1.4.2　中国植物工厂发展历程

我国植物工厂起步较晚，分别在 1998 年和 1999 年从加拿大引进过两套太阳光利用型植物工厂，一套放置在深圳，面积为 1.33 hm²，另外一套放置在北京顺义，面积为 1.5 hm²，主要采用深液流水培系统进行波士顿奶油生菜的生产。但是，深圳的植物工厂系统由于建设单位对核心技术把握不到位，建成后一直未能得到有效运转。建立在北京顺义三高农业示范园内的植物工厂系统由北京顺鑫农业股份有限公司经营，在栽培技术上进行了一些改进，建成后得到了持续有效运行（图 1-11）。

图 1-11　太阳光利用型植物工厂（北京顺义）

国内人工光植物工厂的研究始于 2002 年前后，中国农业科学院在科技部"植物水耕栽培装置及其营养液自控系统研究""植物无糖培养工厂化综合调控系统的研究"等项目的支持下，开始进行密闭式人工光环境控制以及水耕栽培营养液在线检测与控制技术的试验研究，获得了人工光植物工厂技术的第一手资料。2006 年，中国农业科学院建成国内第一座科研型人工光植物工厂实验室（图 1-12），面积为 20 m²，人工光源一半采用 LED，一半采用荧光灯，并配置有智能环境控制与营养液栽培系统，由计算机对室内环境要素和营养液进行自动检测与控制。2009 年，中国农业科学院建立了 100 m² LED 植物工厂试验系统，并开展了人工光育苗、叶菜栽培以及药用植物栽培的试验研究，获取了一大批原始数据，为我国植物工厂的研究奠定了基础。

图 1-12 国内第一座人工光植物工厂实验室（2006，中国农业科学院）

2009 年，国内第一例智能型人工光植物工厂在长春农业博览会首次亮相，表明我国在植物工厂商业化应用领域正式取得突破（图 1-13）。该植物工厂的建筑面积为 200 m²，共由蔬菜工厂和植物苗工厂两部分组成，以节能植物生长灯和 LED 为人工光源，采用制冷 - 加热双向调温控湿、光照 -CO_2 耦联光合调控、空气均匀循环与流通、营养液（EC、pH、DO 和液温等）在线检测与控制、图像信息传输、环境数据采集与自动控制等 13 个相互关联的控制子系统，可实时对植物工厂的温度、湿度、光照、气流、CO_2 浓度以及营养液等环境要素进行自动监控，实现智能化管理。植物苗工厂由双列五层育苗架组成，种苗均匀健壮，品质好，单位面积育苗效率可达常规育苗的 40 倍以上，育苗周期缩短 40%；蔬菜工厂采用 4 层栽培床立体种植，栽培方式选用 DFT（深液流）水耕栽培模式，所栽培的叶用莴苣从定植到采收用时 20~22d，比常规栽培周期缩短 40%，单位面积产量为露地栽培的 25 倍以上，产品清洁无污染，商品价值高。

图 1-13　国内第一个商业化植物工厂（左：荧光灯植物工厂；右：LED 育苗工厂）

继国内第一例智能型人工光植物工厂研制成功后，中国农业科学院又在上海世博会上首次展出"低碳·智能·家庭植物工厂"，该植物工厂模式的出现为植物工厂技术走向家庭和都市生活提供了超前的示范样板。

随着植物工厂技术的突破，2010 年 3 月中国农业科学院又为辽宁省沈阳市小韩村研制出 40 000 m² 的太阳光利用型蔬菜工厂，采用营养液无土栽培技术进行蔬菜工厂化生产，日产鲜菜 5~6 t，取得了显著的社会经济效益；随后，山东省泰安市也建成了 20 000 m² 的太阳光利用型蔬菜工厂。此外，北京通州、山东寿光、广东珠海、江苏南京、内蒙古鄂尔多斯等地也相继建成了 10 多座人工光和太阳光利用型植物工厂。2013 年，中国正式将"智能化植物工厂生产技术研究"项目列入"863 计划"，国拨资金 4611 万元，由 15 家科教单位与企业联合进行技术研发，形成了包括植物 LED 光源及光环境智能控制、营养液在线检测与数字化调控、立体栽培及蔬菜品质调控、基于物联网的智能化管控等一批具有自主知识产权的核心关键技术成果，并作为农业领域唯一的一项重大科技成果在国家"十二五"科技创新成就展接受国家领导人的检阅，受到高度肯定。在此基础上，2017 年科技部启动了"十三五"重点研发专项"用于设施农业生产的 LED 关键技术研发与应用示范"，通过探明 LED 光配方生物学机制及影响效用规律，研制出设施种苗、叶菜、果菜、菌藻和病虫害防治的节能高效专用 LED 光源及智能控制系统，为 LED 在植物工厂、植物苗工厂等领域的应用提供技术支撑。2018 年科技部又批复了对发展中国家科技援助项目"中—罗农业科技示范园构建及合作研究示范"，重点在罗马尼亚进行植物工厂技术示范，以期将中国研发的具有自主知识产权的植物工厂核心关键技术产品输出到"一带一路"沿线国家。

近年来，在中国政府的积极支持和引导下，一些 LED 制造企业、房地产商、电商，如三安光电、富士康、同景能源、京东等纷纷加入到植物工厂行业中，植物工厂规模逐渐增大，生产型植物工厂逐渐增多，应用范围也逐渐扩展到家庭、科普教育、餐饮、航天、航海、岛礁等领域。据统计，目前我国人工光植物工厂数量已经超过 200 家，其中单位面积超过 10 000 m^2 的有两家，甚至还出现了栽培层超过 20 层的垂直立体植物工厂。

2018 年，中国农业科学院都市农业研究所开始进行世界首座垂直农场的设计与建设。该垂直农场地上部高度为 36 m，包括人工光植物生产区、工厂化水产养殖区、食用菌工厂化生产区、药用与功能植物生产区、太阳光植物生产区等功能区，并按各自的特点在垂直空间上进行分层布局。不同功能区的冷热源、水、氧气、二氧化碳、固体废弃物等物质和能量都能按一定的规律进行循环利用,实现垂直大厦型农业的可持续生产(图 1-14)。

图 1-14　中国农业科学院都市农业研究所垂直农场设计图

相信在未来几年内,植物工厂在中国的应用范围将会越来越广泛,必将成为现代农业不可或缺的重要组成部分。

第二章

植物工厂构成要素

人工光利用型植物工厂是以不透光的绝热材料为围护结构，以人工光作为植物光合作用的唯一光源，按照一定的工艺流程进行植物工厂化生产的高效农业系统。在空间结构上一般由栽培车间、育苗室、收获与贮藏室、机械室（营养液罐、CO_2钢瓶及控制设备等）、管理室（办公与计算机控制系统）等功能室组成。通过这些空间结构的功能布局，实现植物从种子到收获、上市整个产业链的全过程。在系统结构上，一般由营养液循环与控制系统、多层立体水耕栽培系统、空气调节和净化系统、CO_2气肥释放系统、人工光源系统以及计算机自动控制系统等各子系统组成（图 2-1）。本章简要介绍植物工厂各构成要素及关键系统。

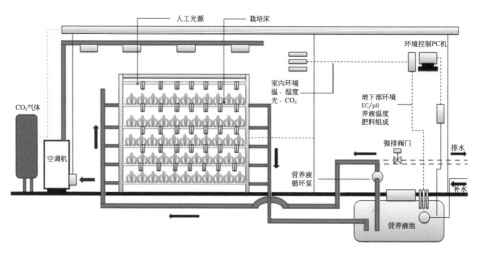

图 2-1　人工光植物工厂系统构成

2.1

外围护结构

植物工厂需要一定的保温绝热外围护结构以抵御外界不利气候的影响，维持室内适宜的环境条件。对于不依赖已有建筑的独立植物工厂，外围护结构一般要求建在混凝土结构基础及钢骨架上，外侧采用两面金属、中间填充发泡材料的熟化成型彩钢夹芯板构筑，具有防腐、防潮、保温隔热等特性。出于安全考虑，彩钢夹芯板普遍要求采用防火材料，一般使用岩棉替代聚苯乙烯进行保温。在我国大部分地区，彩钢夹芯板的厚度通常要达到 100 mm 以上。

外围护结构主要起结构支撑和保温隔热的作用，一般在植物工厂外围护结构的内侧还构建一层洁净板材，用于隔离内部空间和保证洁净度。该结构在不依赖已有建筑的独立植物工厂和已有建筑改造的植物工厂中均至关重要，是蔬菜生产和人员日常操作维护直接接触到的结构部件。洁净板的面材有不锈钢、镀锌板、聚氯乙烯（polyvinyl chloride, PVC）等十几种材质，芯材可使用岩棉、玻璃丝绵、纸蜂窝、陶铝板等。洁净板在生产过程中常常会使用特殊的涂层工艺，除了面层致密不起尘，具有极好的耐擦洗性外，其表面还具有长期而稳定的导电性能。静电可通过表面形成电能释放，防止粉尘附着，便于清洗。有的板材中还采用银离子净化涂层，使之具有免维护、自清洁等优异性能；加入抗菌剂则能制成具有无毒性及半永久性抗菌效果和远红外辐射效果的抗菌洁净板。采用上述工艺的洁净板具有防尘、防静电、抗菌等效果，对保证植物工厂良好的室内环境起到了重要作用。

一个功能完善的植物工厂除栽培区外，还应具备育苗区、设备间、采收包装区、储存区等功能区域。上述区域的分隔一般均采用洁净板及配套的净化门、密封条等。在彩钢板及内部安装时，可参照《洁净厂房设计规范》（GB 50073—2013）和《洁净室施工及验收规范》（GB 50591—2010）中有关工艺要求进行施工与验收。

此外，在设计上需充分考虑植物工厂的功能需求。如需具备展示功能，由于外部彩钢板和内部洁净板中通常需要布置通风管道系统，则要考虑外部观察窗的规格和布局，避免与夹层风道产生冲突。

2.2 环境控制系统

环境控制系统是植物工厂的重要组成部分之一，关系到植物工厂产品的产量、品质以及能耗成本。其控制目标主要包括温度、相对湿度、CO_2 浓度及气流等环境因子，主要调控装备包括净化空调、加湿除湿装置、循环风机、风道、二氧化碳钢瓶及其释放系统。

环境控制系统通常位于植物工厂内部或外部设备间中，由空调机组（图 2-2）、传感器、控制器等部件组成。其功能是将植物工厂内部或室外的空气通过多级过滤处理，调节空气温度和湿度后送到设施内，实现对温度、湿度、空气清净度以及空气循环的调控。

图 2-2　空调机组

（左：中国农业科学院顺义基地植物工厂；右：扬子植物工厂）

由于人工光源工作时释放大量热量，植物工厂中空调机组的主要作用是制冷降温。目前，空调制冷形式主要有电驱动压缩式和热驱动吸收式

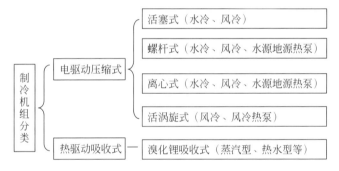

图 2-3　空调制冷形式分类

两种（图 2-3）。电驱动压缩式制冷机更为常用，主要以氟利昂、氨为制冷剂，采用活塞式、螺杆式或离心式压缩机对空气或水等介质进行冷却。按所需冷源或热源情况可分为冷水机组和热泵机组两种形式。

　　冷水机组主要由压缩机、风冷或水冷式冷凝器、热力膨胀阀和蒸发器等关键部件组成，单机容量大，可适用于各种规模的植物工厂温控系统。热泵机组利用地下水、河水等水资源或地下岩土中热量，消耗部分电能，实现其设施内热量闭环式循环，不需要冷却水和专用机房，使用地点不受限制，是一种可持续发展的节能调温技术。

净化消毒系统

  植物工厂建设地点选址灵活，建成后外部环境多样，内部设备复杂且植物栽培密度大，一旦发生病虫害会严重影响产品产量和品质。要想彻底清除污染物则需大面积停产，进行全面的消毒处理，生产陷入停滞。加之植物工厂生产相对密集，自动化工艺装备尚未全面推广，定植、间苗及采收等生产环节仍以人工为主，更增加了感染外来病虫害的风险，因此保证植物栽培区较高的洁净度已经成为影响系统安全生产的重要环节。洁净度是指空气环境中所含尘埃量多少的程度，一般指单位体积的空气中所含大于等于某一粒径粒子的数量。现有洁净度标准一般可参照美国标准（federal standard）209E（FS-209E）（表 2-1）。在命名上基本以单位体积空气中大于等于规定粒径的粒子个数直接命名或以符号命名，如标准中的 100 级，表示空气中 ≥ 0.5 μm 粒径的粒子浓度为 100 个 / 立方英尺（pc/ft^3），数字越小，洁净度越高。

表 2-1　FS-209E 空气微粒清洁度等级

洁净度	0.1 μm	0.2 μm	0.3 μm	0.5 μm	5 μm
（级）	（个 / 立方英尺）				
1	35.0	7.5	3	1	
10	350	75	30	10	
100		750	300	100	
1000				1 000	7
10 000				10 000	70
100 000				100 000	700

作为现代污染控制最重要的手段之一，洁净室已有 100 多年的历史。其定义是将一定空间范围内空气中的微尘粒子、有害空气、细菌等污染物排除，并将室内的温湿度、洁净度、室内压力、气流速度与气流分布、噪声、振动及照明、静电等运行参数控制在某一特定需求范围内，而所给予特别设计的房间。

植物工厂可视为一般生物洁净室，以微生物及尘埃污染为主要控制对象。一个高效运行的植物工厂，控制污染的主要途径包括：①阻止室外的污染侵入室内：控制污染最主要的途径，主要从空气净化、压力控制等方面进行设计，防止污染物在室间传递或传播；②迅速有效地排除室内已经发生的污染：根据需求对室内的气流组织进行科学的设计，是体现洁净室功能的关键；③减少污染发生量：控制可发生污染设备的管理和进入洁净室的人与物的净化。

2.3.1　空气净化

为了保持植物工厂内洁净程度在规定范围内，一般采用空气过滤系统净化空气。过滤器作为净化空调的重要组成部分，能够有效过滤空气中微粒及依附在悬浮粒子上的细菌。空气过滤器是通过多孔过滤材料的作用从气固两相流中捕集粉尘，并使气体得以净化的设备。它把含尘量低的空气净化处理后送入室内，以保证洁净房间的工艺要求和空气洁净度。

空气过滤器主要根据滤芯的类别一般分为三种，即初效过滤器、中效过滤器和高效过滤器（宋卫东，2018）。

初效过滤器主要用于空气净化系统的初级过滤，通过初效过滤器能去除粒径 5 μm 以上的尘埃粒子，在空气净化系统中作为预过滤器保护中高效过滤器和空调箱内的其他配件以延长它们的使用寿命。初效过滤器具有板式、折叠式及袋式三种样式，外框材质有纸框、铝框、镀锌铁框等，过滤材料主要

采用无纺布、尼龙网、活性炭滤材、金属孔网等，防护网有双面喷塑铁丝网和双面镀锌铁丝网。初效过滤器具有价格低、重量轻、通用性好、结构紧凑等特点，主要用于中央空调和通风系统预过滤、洁净回风系统、局部高效过滤装置的预过滤等场合。根据环境的洁净程度，初效过滤器一般每月清洗一次，6个月更换一次。

中效过滤器可捕集粒径 1~5 μm 的颗粒灰尘及各种悬浮物，具有结构稳定、风量大、阻力小、容尘量高及降低破漏风险等特点。中效过滤器主要用于空调通风系统中级过滤，也可作为高效过滤的前端过滤，减少高效过滤的负荷，延长其使用寿命。中效过滤器分袋式和非袋式两种，滤料类型主要有玻璃纤维、中细孔聚乙烯泡沫塑料和由涤纶、丙纶、腈纶等制成的合成纤维毡等。在额定风量使用条件下，可 3~4 个月更换一次中效过滤器，如滤料选择可清洗材料时，可每月清洗一次，最多清洗两次。

高效过滤器是空调净化系统中的终端过滤器，也是高级别洁净室中必须使用的终端净化设备，主要用于捕集粒径 0.5 μm 以下的颗粒灰尘及各种悬浮物。高效过滤器采用超细玻璃纤维纸作滤料，胶版纸、铝箔板等材料折叠作分割板，新型聚氨酯密封胶密封，并以镀锌板、不锈钢板、铝合金等型材为外框制成，具有过滤精度高、过滤速度快、纳污量大、占地面积小、可调性强等特点。

高效过滤器广泛用于光学电子、生物医药、饮料食品等无尘净化车间的空调末端送风处。根据功能、结构的不同，高效过滤器还可以具体分为超高效过滤器、大风量高效过滤器、亚高效过滤器及抗菌型无隔板高效空气过滤器等。其中亚高效过滤器价格便宜，多用于要求不高的净化空间；超高效过滤器的净化程度能达到 99.999%；抗菌型无隔板高效过滤器具有抗菌作用，可以阻止细菌进入洁净车间内。

各级过滤器在使用中需要定期清洗更换。根据使用环境，初效过滤器每月或每两个月进行清洗保养，每半年需要进行更换；中效过滤器一般3~4个月需要更换一次，当过滤器的阻力过大时，也需要更换过滤器；高效过滤器的使用寿命与维护保养情况密切相关，如果正常保养初、中效过滤器，则高效过滤器的寿命一般在两年以上，如果初、中效过滤器保养较频繁，高效过滤器的寿命可在5年以上。经常保养过滤器，可使过滤器阻力减小，空调在低阻力负荷下运行，节省大量电费。

2.3.2　压力控制

根据洁净室设计规范，室内必须维持一定的正压，有效避免洁净室被邻室污染或污染邻室，防止外部污染物进入洁净室而破坏室内洁净度。植物工厂内不同功能区域的压力从低到高依次为：非洁净区、更衣室、缓冲间、洁净内走廊和生产区，不同等级的洁净室以及洁净区与非洁净区之间的静压差，应不小于5 Pa，洁净区与室外的静压差，应不小于10 Pa，洁净室与非洁净区至少维持30 Pa正压压差。内部压差产生的原理是通过调节送风量大于回风量、排风量、渗漏风量来维持正压。

洁净室在日常使用过程中，受过滤器阻力增大导致的总送风量减少，以及洁净室内人员流动，门窗频繁开闭使洁净室内原有密封性能降低及严重漏风等因素的干扰，洁净室原有压差均会受到不同程度的影响。须采取一系列措施来维持室内正压，包括在回风口装空气阻尼层，调节回风阀或排风阀，调节新风阀，风机、风阀联锁控制及更换过滤器等。

2.3.3　气流组织

如图 2-4 所示，合理的气流组织能够加快室内污染物的稀释与排出，减少气流死角的产生从而降低污染物积累量，同时有效减少送风量，降低能耗

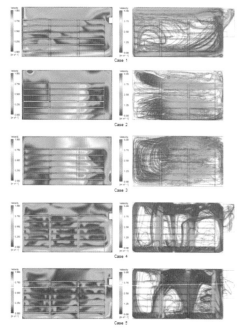

图 2-4 不同气流组织形式内部气流场分布特征

（马群，2008）。

洁净室内部气流组织主要分为三类：

单向流，也称层流或平行流。气流以均匀的截面速度，沿着平行流线以单一方向在整个洁净室截面通过。该种气流下，从送风口到回风口，气流断面上的流速比较均匀，呈单向平行状态，没有涡流，依靠洁净气流的推动作用将室内旧空气排至室外，达到净化的目的。

非单向流，也称为乱流。当洁净室截面远大于送风口截面时，气流以不均匀的速度向四周呈不平行流动，彼此作用产生回流或涡流。在此气流下，洁净空气从送风口进入室内后迅速向四周扩散并与旧空气进行混合，对污染物进行稀释；当相同体积的气流从回风口排出时清除了室内的污染物。

辐流，也称失流。它的流线不单向也不平行，但是流线也不交叉，其净化原理与单向流相似，即依靠空气的"斜推"作用清除室内的污染物。该种气流组织形式是在能源供应日趋紧张的情况下应运而生的，能够使洁净度达到 100 级，在手术室等高洁净度要求的特殊场合应用较多。

因此，在植物工厂系统中应根据植物工厂栽培区大小及内部栽培架摆放方式，选择适当的气流组织形式（图 2-5），使植物周围空气流动均匀，实现温湿度的高效调控。

图 2-5 植物工厂风道及风口布局

2.3.4 防控管理

上述途径可有效阻止外来污染物进入植物工厂以及实现植物工厂内部污染物的高效消除。此外，通过有效的管理手段主动从源头上减少污染物进入植物工厂的概率，对保持植物工厂正常运转和产品洁净安全同样重要。

植物工厂污染源主要包括外源污染与内源污染两种。其中，外源污染包括间隙渗入、空调送风、工作服、种子、栽培装置、育苗耗材、建筑物、风管材料以及供水等；内源污染包括工作人员、营养液、蔬菜活体、工具以及包装材料等。

植物工厂生产时，设备以及原材料进入前需要进行全面清洁擦拭等防尘工作。对于室内污染源的控制，应按照规范严格控制制造设备的发尘，做好人员行为管理，严格按规范执行进出操作规程，进入风淋间消毒后方可进入植物生产区。此外，还需要定期对洁净室进行清扫消毒处理，确保墙壁体光滑无死角，设备安装时注意不要遮挡空气流动，确保足够的换气次数和气流速度。

针对人体污染源，穿戴工作服要求所有洁净室内的生产人员全部要做好服装管理，须穿戴防护服以及口罩，尽量避免人体脱落的细胞皮屑从口腔或者鼻孔喷出。空调系统运行一段时间后会在部分区域产生积聚的尘粒和凝结的水分，成为细菌滋生的有利环境，进而成为污染源。需要控制尘粒积聚与水分凝结，确保基本通风功能前提下，配置防尘与防水措施，解决尘粒与凝结水问题（胡小凤和刘江，2018）。

蔬菜产品成熟后需将其连同整块栽培板运输至指定的采收区方可进行采收作业。去除掉的老叶、根系及不达标产品应及时妥善安置于密闭容器中，密封后运至植物工厂外进行处理。采收过后的栽培板应及时移至清洗消毒区，对板上附着的植物叶片、根系等进行清除。清理干净的栽培板经消毒剂浸泡、漂洗、干燥后方可重复使用。

2.4

人工光源系统

作为植物生长的唯一能量与信号源，人工光源是植物工厂系统设计至关重要的组成部分。早期的植物工厂主要使用的人工光源有高压钠灯、金属卤化物灯、荧光灯等，少数采用冷阴极管（cold cathode fluorescent lamp, CCFL）进行试验和应用。目前植物工厂主要采用 LED 作为人工光源，具有发热小、光配方精确可调控、安装适配模式多样、寿命长、光衰缓慢等优点，而且还能够根据生产目的和植物品种进行灵活定制。

目前用于植物工厂的 LED 光源光质主要由波长 660 nm 的红光和 460 nm 的蓝光组成，一些新开发的 LED 光源也会添加少量的紫外和远红光。根据所需不同光质将多种波长的单色 LED 芯片进行组合的形式是目前采用较多的植物灯生产方式（图 2-6，左）。该种光源光质组成纯度更高，输入的电能除发热外几乎全部转化为目标光源，电能利用率较高。但因其由单光质 LED 组成，需要的红光 LED 占总 LED 芯片总数的 70% 以上，不可避免地产生光质空间分配不均匀的问题，当光源装置为灯管形式时，这种情况更为明显。此时可通过使用发光角度更大的 LED 光源，或将灯管适当远离植物冠层以增加下方光照均匀性，随之而来的是光能和电能的浪费。当多根灯管并排布置时，可将相邻灯管红蓝灯珠进行交替排布，也可以在一定程度上减少下方红蓝光斑的发生。在灯管式光源中增加生长调节用微量光质会进一步增加植物冠层的不均匀性，微量光质的均匀性、光强则更难保证。可以通过在红蓝灯管组合中增加微量光质灯管的方式进行调节，所用微量光质芯片功率不宜太大，需根据实际需要采用小功率大数量的光源设计。

图 2-6　单芯片 LED 组合光谱灯管（左）及灯板（右）

单光质 LED 芯片也可组装成灯板（图 2-6，右）。由于灯板面积较大，灯珠的布置空间更为灵活，适用于需要采用多光质环境的场合。首先，将 3~5

种不同光质的芯片，根据各光质所需光强大小，采用适当功率的芯片，均匀地排布在灯板上，不但能够满足各光质所需光强，也能很大程度上消除光源下方的光谱不均现象。此外，光源板背面能够安排更多的散热器，显著降低芯片工作时的温度，延长光源寿命。第三，在光源板设计制造时可将不同光质电路分开，方便高效地实现多光质分路控制，在试验型植物工厂中显得尤其重要。灯板的缺点主要体现在价格上，由于工艺更加复杂，需要在设计制造上投入更多人力物力，需要多路控制的话更需配备多组直流电源控制器，其价格远高于灯管式光源，一般多用于科研机构、大学等试验植物工厂中。

随着植物工厂研究的不断深入，针对植物工厂主栽作物的光配方逐渐完善。以蔬菜生产为目标的生产型植物工厂不再需要对光源的光质配比进行频繁调节，更希望以低廉的价格购买标准化免维护的植物光源。LED 荧光植物生长灯通过在低波长的蓝、紫光 LED 芯片表面涂敷组分经过调制的荧光粉，将部分蓝紫光转变成红光或其他光，满足特定光环境需求（图 2-7）。该技术以发光效率高、成本低廉的蓝光 LED 芯片为激发光源，不使用价格高，光效低的红光 LED 芯片，很大程度上降低了光源的成本，提高了可靠性。

在生产中，通过调节荧光粉中硅酸盐、铝酸盐、氮化物等组分的比例及

图 2-7　不同荧光粉配方的 LED 光源

其制备、涂敷固定工艺，使荧光粉发出与目标光配方光谱吻合的激发光，即每个 LED 芯片发出的光都是一致的，从根本上杜绝了 LED 芯片组合式光源中存在的光分布不均的问题。然而，由于荧光粉纯度及调配工艺等特点，该工艺下很难得到较纯的单个或多个光谱波峰，除需要的目标主峰外往往还含有连续杂峰，不能被植物高效利用，一定程度上造成电、光能的浪费。激发主峰的半峰宽也通常较宽，目标波峰强度受到削弱。

在一个灯珠内集成多个 LED 芯片，具有更大的灵活性和发展潜力，用户可根据光环境需求改变芯片的波长和数量，大幅减少灯珠用量，具有较高的性价比（图 2-8，左）。其优势在于：①设计灵活：芯片可以设计为串联或者并联，适应不同的电压和电流，便于驱动器的设计；基板上芯片的数目可根据客户的要求自由控制，封装成点光源或者面光源等多种形式；②芯片直接与基板相连，降低了封装热阻，散热问题也容易解决。与之对应的是一些不足，包括：①多颗芯片组合，相对于单颗芯片而言其可靠性降低，导致产品整体稳定性受影响；②由于多颗芯片集中同时散热，热散失程度也不同，对芯片寿命产生一定程度的影响；③由于多芯片位置不同，出光角度也不尽相同，需要进行二次乃至三次光学设计，达到理想的光斑分布，保证出光质量（图 2-8，右）。有研究表明（Likun 等，2016），采用该种光源配合聚焦透镜与菲涅尔

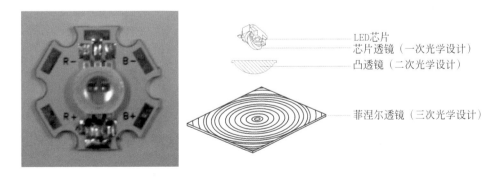

图 2-8　多芯片 LED（左）及多次光学设计的 LED（右）

透镜等二次配光技术，在作物生长期将有限的光能集中在作物冠层，能够减少 52.1% 的电能消耗，提高光能利用率 55.6%。

2.5

营养液栽培系统

该系统主要由栽培架、栽培槽以及营养液循环等部分组成。栽培架一般选用耐腐蚀的材料，如铝型材、不锈钢、高温镀锌板等。栽培架高度、层间距以及栽培层数应根据主栽品种和栽培规模进行预测和计算，层间距通常不低于 40 cm，栽培架多于四层的需要配置升降作业车。栽培架尽量为可组装、层间距可调型，以便更换栽培品种后可以重复利用。栽培槽是放置在栽培架上的槽体，用于盛放营养液，目前主要有聚氯乙烯塑料（PVC）板焊接、聚苯乙烯发泡塑料（expanded polystyrene, EPS）拼接以及聚丙烯发泡塑料（expanded polypropylene, EPP）粘接等形式。

不同形式的结构均各具优缺点，其中 PVC 焊接外表较美观，但有槽体沉重，加工运输不便，保温性差及成本高等缺点。EPS 拼接方式成本较低，保温性能好，但在拼接后并不具备防水功能，需要在内侧铺设黑色防水膜保证营养液不渗漏。为实现营养液循环功能，需要在槽体和黑膜相同位置开对穿圆孔，操作工艺较复杂，很难做到整齐标准，常常发生渗漏现象，外观较差。EPP 是一种性能卓越的高结晶型聚合物 / 气体复合材料，其比重轻、弹性好、抗震抗压、变形恢复率高、耐各种化学溶剂、不吸水、绝缘、耐热（–40~130℃），无毒无味，可 100% 循环使用且性能几乎毫不降低，是真正的环境友好型泡沫塑料。EPP 粘接技术采用胶水将预成型的各部分槽体进行粘接以防止营养液渗漏，并在槽体上预留有上下水标准管件的安装孔，操作简单，外观整齐，标准化程度高（图 2-9）。但其成本高于 EPS 拼接方式，随着国产 EPP 原料生产线陆续建成投产，其成本有望迅速降低。

由于 EPS 和 EPP 槽体单位长度已经固定，在系统规划设计时需考虑植物工厂内部尺寸与布局，选择适当数量的槽体进行拼接。此外，还需考虑人工光源的单位长度，其规格应是槽体单位长度的整数倍。栽培槽中的营养液均从储液池中由水泵供给，出于节约土地与造价的考虑，储液池的容积通常小于栽培槽总容积，需配液 2~3 次才能形成循环回路。

供液模式根据营养液管路敷设特征分不同为顺序供液和同时供液两种。顺序供液时水泵将营养液输送至最高层栽培槽，将其灌满后由其回液口排出，流至下一层栽培槽，直至流回储液池形成一个循环（图 2-10）。同时供液时水泵将营养液经各支路管道同时注入每一个栽培槽内，各栽培槽再同时回流至营养液池。后者对水泵的要求更高，需要高扬程大流量水泵，但其循环效率也相应提高。储液池可置于植物工厂内挖出的地窖状池子，也可以置于单独

图 2-9　新型 EPP 栽培槽

的设备间地面上（图 2-11）。前者通常用于大规模生产中，节省了地上空间，但是增加了清洗和清理的不便，应注意给排水管路敷设实现进出水方便；地面储液池一般用于小型植物工厂中，此时储液池液面高度通常高于最底层栽培槽，致使无法采用重力回液方式进行营养液回流，需在栽培架下方增设加装有液位传感器的小营养液池，临时储存重力回液，当液面高度达预定值时自动启动水泵将小营养液池中营养液泵至主池。

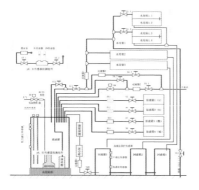

图 2-10　营养液调控原理图

图 2-11　小型植物工厂地上储液箱

2.6　智能控制系统

　　人工光植物工厂中的智能控制系统通过传感器对植物工厂内光照、温度、湿度、CO_2、气流及营养液 EC、pH 等参数进行采集后，由计算机控制空调系统的开闭、风机运行速度、光源控制器、二氧化碳控制阀等的运行状态。

目前采用的控制系统主要有以下几种类型，即单片机控制系统、工控机控制系统、可编程式控制器（programmable logic controller, PLC）控制系统，基于现场总线的分布式智能控制系统，基于 ZigBee 技术的无线网络智能控制系统，以及嵌入式 Linux 系统等。

其中，单片机控制系统具有全局管理，操作简单，价格低廉等优点，可采用集中控制方式实现植物工厂内环境因子的监测和控制，但其布线复杂，可靠性差，故障率较高。

工控机控制系统是由工控机、各种传感器及执行机构组成的闭环控制系统，所有的输入、输出功能都由工控机集中控制，通过中央计算机实现各个系统的互联，完成对植物工厂内环境因子的自动监测。但是输入／输出过于集中管理，一旦发生故障整个系统将会瘫痪。

PLC 控制系统中，其主控芯片外接数据采集单元及各种执行机构，采用上位机软件完成数据的实时显示和控制，具有编程简单、稳定性高、使用方便等特点，但是成本较高，普及难度大。

现场总线控制系统（fieldbus control system, FCS）是 20 世纪 90 年代兴起的一种先进的工业控制技术，它将网络通信与管理的观念引入工业控制领域，具有现场通信网络、现场设备互连、互操作性、分散的功能块、通信线供电和开放式互联网络等技术特点。不仅保证了系统完全可以适应目前工业界对数字通信和自动控制的需求，也使其与互联网互联构成不同层次的复杂网络成为可能，已经成为工业生产过程自动化领域中一个新的热点。作为现场总线标准之一的控制器局域网络（controller area network, CAN）总线，在可靠性、实时性和灵活性等方面具有突出的优秀性能，从而也更适合于工业过程控制设备和监控设备之间的互联，价格也更低廉，得到了广泛应用。

ZigBee 技术是一种短距离、低功耗的无线通信技术。其特点是近距离、

低复杂度、自组织、低功耗、低数据速率，在植物工厂控制系统中可以实现对环境参数的自动监测与控制，有效地提高了可靠性、抗干扰能力与灵活性，避免了有线系统复杂布线和由于环境温度高、光照强、酸性等引起的可靠性、抗干扰性能降低，以及后期维护难度加大等问题（张浩伟，2017）。

随着人们对高品质蔬菜的需求增加，植物工厂在发展过程中也持续不断地引入和集成高新技术，包括新型传感器、智能控制以及物联网等，进一步提高对植株生长状态的监控，逐渐向节能、高效、环保和智能化方向发展。

物联网（internet of things）是通过射频识别（radio frequency identification，RFID）、各种传感器、全球定位系统、激光扫描器等信息传感设备，按约定的协议，把任何物品与互联网连接起来，进行信息交换和通信，以实现智能化识别、定位、跟踪、监控和管理的一种网络。

在植物工厂中，管理人员可通过环境温湿度传感器，二氧化碳传感器，营养液 pH、EC、液温、溶解氧传感器，光源温度、光量子数传感器以及相应的植物光合、生长指标传感器，对植物工厂内相关设备、环境以及植物生长动态变化信息进行收集和获取。通过对数据进行分析和处理，建立植物生长状态模型，预测植物长势，实现对植物工厂系统的智能化决策和远程监控，智能调整植物生长所需的环境，使植物工厂内的植物始终处于最佳的生长状态，最终实现其高效、高产、智能地生产绿色无污染的产品。

通过在植物工厂产品上采用 RFID 无线射频识别等技术对其进行标记，在更大的物联网平台上监测产品出厂后的一系列流动特征，在大数据分析的帮助下，有针对性地制定生产销售策略，更好地为消费者服务的同时实现效益的最大化。

植物工厂内各环境因素间彼此有着复杂紧密的联系，不同植物不同生长期对光照的要求不同。光照变化后植物工厂内热负荷也随之发生变化，进而影响到空调、风机运行状态等内部调控需求，结合外部环境参数，又涉及内 /

外循环切换及 CO_2 施放。在设计植物工厂控制系统时，应以植物为初始和最终调控对象，围绕植物需求设定一连串随时间变化的环境变量，方能使植物工厂内部环境尽量优化，以保障植物的快速生长。

2.7

辅助机械

作为设施园艺发展的高级阶段，植物工厂在很大程度上实现了工厂化生产。从播种到采收的多个环节不同程度地实现了自动化或半自动化，显著减少了劳动力投入，进一步提高了植物工厂的生产效率和产量。

播种机：在设施作物生产中较为常见，多以塑料穴盘为播种对象，采用针式或滚筒式真空结构，将种子吸附在其小孔上，当吸附机构或穴盘相对运动至预设位置时，空穴上方的小孔失去真空吸力，种子落到下方的穴盘内，后经覆土、浇水等工序，完成播种过程。在以营养液槽栽培为主要工艺的植物工厂中，通常采用育苗海绵块作为种子萌发生长的介质。育苗海绵块主要分为立方体和圆柱体两类，根据所栽植物以及栽培板设计栽培密度不同，其大小规格变化多样，可根据具体情况进行定制。生菜等叶菜栽培一般选用立方体海绵块，边长为 25~30 mm，在一面有一个直径 3~5 mm、深 5 mm 的圆形坑洞，方便种子播入且容易扎根。也有的海绵块采用正反两面开十字切缝用于包含种子，在操作时需要用手将切缝拨开一定开度后将种子播入。同时需控制好深度，对操作要求较高，机械化操作有一定难度，需要更为精巧的设计。上述单个海绵块在生产时与相邻四周的其他海绵单元块不完全切开，保留宽约 1 mm 的连接，在运输、保存及机械播种时可以很方便地以海绵块组合苗盘为单位进行操作，后期可以很容易地将单个海绵块从整个海绵组合苗盘中取出，进行后续移栽。圆柱体育苗海绵块因为生产时会产生较多切割浪费，一般以较大规格的形式出现，也较少用于植物从种子开始的培育，而是从侧面向中心开口，夹住植株幼苗茎进行定植。

移栽机：育苗移栽是设施果蔬生产中的重要环节之一，也是占用劳动力最多的环节之一，有研究表明，植物工厂中移栽环节占总人力消耗的 31%（Tokimasa & Nishiura，2015）。移栽机主要以穴盘苗为操作对象，将其以一定密度移至栽培区域。在露地栽培中，移栽机多为轮式可移动型，兼具土壤起垄和覆土功能，将穴盘苗以设定的间距栽植于土壤中。在设施无土栽培应用情况下，移栽机通常为固定台式，将幼苗穴盘置于配套流水线上，采用机械手将幼苗移出，置于栽培槽上。上述过程均需把基质穴盘作为操作对象，其原因是由于苗个体在穴盘制约下，规格标准一致，便于机械抓取操作。此外，穴盘中的幼苗根系被基质包裹，无根系外露，在放置过程中不会伤及根系。在以水培为主要方式的植物工厂中，为了保证营养液的洁净，无基质包裹定型且根系裸露的幼苗被直接定植于栽培板上，此时机械很难在不损伤根系的前提下将幼苗安置于定植孔内，需熟练的人工操作方能满足需求。为了提高空间利用率，保证产量，高密度定植的幼苗在生长一段时间后要进行二次分苗移栽至较低密度下生长，此时的根系更为茂盛，彼此间还会出现纠缠，常规的机械更难实现高效不伤根的移栽。适用于海绵块育苗的水培定植 - 移栽设备还有待于进一步研发。

采收包装机：作为植物工厂人力消耗最大的另一个生产环节，采收和包装操作对象由植株个体转变为栽培板单元，较定植、移栽阶段更加标准化，过程中涉及栽培板的运输、成菜的取放、根系切除、老叶去除以及产品包装等一系列工序。

目前，栽培板运输可采用移栽收获机器人等智能栽培板物流系统完成。日本神内植物工厂使用的移栽收获机器人，通过设在栽培车间两端的平行导轨，在栽培车间上方自由移动。通过计算机进行控制作业，按照指令将栽培板依次放置在工作台上，由工作人员将蔬菜的根部清理后再将栽培板放置在塑料箱内。类似的栽培板定位抓取系统也在国内得到应用，北京通州植物工厂正在进行中试的自动移栽收获机器人，定位移动到栽培板正上方后，通过气动升降装置下降到定植板高度，并通过气动抓手将栽培定植板从底部托起，将其放置在预设位置。

东北农业大学研究人员针对植物工厂狭闭空间内的作业需求，研制出一种基于机器视觉的栽培板物流化搬运机器人。它们依靠植物工厂栽培室内部铺设的轨道线行走，通过视觉系统实时采集蔬菜生长信息，控制机械手臂完成栽培板的搬运。

江苏大学研究人员为适应植物工厂多层栽培系统培育果蔬的栽培方式，研制了一种搬运物流系统。它们可根据工作任务分析移栽和收获过程中的工序流程，基于时间最短原则实现机械手对栽培板的定位抓取和放置（周亚波，2016）。

上述各方案实现了栽培板从生产区域到采收区域的高效运输，随后需将成菜从栽培板上取下进行包装前的处理。这一过程多采用人工进行，尽管有研究人员开发出采用机械手抓取的单株蔬菜取放装置，但由于不同品种及生长情况的蔬菜冠层叶片展开度等参数不尽相同，取放过程中不可避免地会出现叶片损坏的情况，加之其运行效率尚有待提高，在实际生产中较少使用。

现有植物工厂中主流的采收工艺分为带根和不带根两种。带根采收即直

接将成菜从栽培板上取下，人工去掉下部老叶并将根系盘绕整齐后置于透明包装容器中完成采收包装工序。不带根采收时，在成菜位于栽培板上或从栽培板上取出后，采用刀具将根系切除，去掉老叶后进行包装。其中根系切除可通过带有切根装置的收获机，当蔬菜在传送带上运动时将其根系切除。

经过上述工序处理后，蔬菜进入最后的包装流程。该工序通常采用成熟的包装流水线，直接将传送带上的蔬菜包装成产品。

升降机：随着植物工厂栽培技术的不断发展，大规模高层植物工厂因其更高的土地利用率和更低的生产成本，逐渐成为新建生产型植物工厂的主要形式。随之而来的是高层栽培空间的操作问题。采用智能自动化机械装备虽然可以实现栽培板的取放与移动，但其成本通常较高，在不同植物工厂内的通用程度有限，同时对栽培架等装备提出了更高的要求，大范围的推广应用仍较缓慢。升降机的使用以较低廉的价格满足了生产需要。

根据升降机摆放位置及是否可移动，植物工厂内升降系统可分为两端固定式升降机和架间可移动式升降机。其中，两端固定式升降机位于栽培架两端，操作人员立于升降平台上，在一端将定植有（幼）小苗的栽培板置于栽培槽上，另一端进行大（成）菜的采收工作。该方式对栽培槽的形式提出了更高的要求，要求栽培板能够在栽培槽上自由地移动，同时对蔬菜生产流程有更明确清晰的安排，以便于对各栽培槽上栽培板的取放时间进行计算。其优势在于在栽培槽上其他位置不进行任何操作，栽培架摆放可以更加密集，进一步提升空间利用率和产量。架间可移动式升降机依靠轮子或轨道在相邻栽培架间移动、升降，操作人员站在升降平台上可从侧面对栽培槽内蔬菜进行定植、移栽等必要的操作，对生产茬口安排更加灵活，但由于升降机本身需占用较多空间，相邻栽培架摆放间距增加，空间利用率和蔬菜产量降低。

第三章

光环境及其调控

3.1 概　述

光是植物生长所需的最重要环境因子之一。自然界中，植物赖以生存的能量来自太阳光，光合作用是植物捕获光能的重要生物学途径。植物通过光合作用固定 CO_2 以合成有机物并产生氧气，是地球上生命得以延续的决定因素之一。

植物对光的需求主要体现在光辐射强度、光谱、光周期、光的时空分布等几个方面，也被称为植物生长的"光环境要素"。光环境通过影响植物形态、细胞内代谢以及基因表达等来调节植物生长，理解光对植物生长的影响机理是人工光植物生产的理论基础。

光对植物生长的影响从所需能量层面来看主要有两类，一类是高能反应，即光合作用，光为该反应提供能量；另一类为低能反应，即光形态建成，光在该过程中主要起信号作用，在较低的光照条件下即可进行，信号的性质与光的波长有关。植物通过一系列光受体来感受不同波段的光进而调节自身生长发育。不同的光谱分布能够调节植物的形态建成，调节植物生长、改变植物形态，使其更加适应自身所处的环境。

在植物工厂环境下，植物生长所需的光能全部来源于人工光源，因此，对植物工厂内的光照环境进行调节控制是十分必要的。光照环境的调节，是根据作物种类及生育阶段的不同，通过一定的措施来进行调节，以提高作物的光能利用效率。正确理解植物生长过程中光的需求是实现植物工厂光环境调控的先决条件。

植物工厂光环境要素

3.2.1　光照强度

光照强度的度量

光照强度是选择人工光源的重要依据，目前对光照强度有很多种度量（表述）方法，主要包括以下几种：

光照度（illumination），是指受照平面上接受的光通量面密度（单位面积的光通量），单位为勒克斯（lx）。光照度表述的是人眼能感觉到的光亮度，是一种与视觉灵敏度有关系的心理物理量。

与光照度相关的光通量则是按照国际约定的人眼视觉特性评价的辐射能通量（辐射功率），单位：流明（lm）。1流明是指发光强度为1坎德拉（cd）的均匀点光源在1球面度立体角内发出的光通量。坎德拉表述的是每单位立体角（立体角：与以单位长度为半径的球体表面积相同）的光通量，1 cd 555 nm的单色光在单位立体角放射的电功率（放射束）为1.46 mW。

$$1 \text{ lx} = 1 \text{ lm} \cdot \text{m}^{-2}$$

光合有效辐射照度（photosynthetically active radiation，PAR），是指单位时间、单位面积上到达或通过的光合有效辐射（400~700 nm）的能量，单位：$W \cdot m^{-2}$。

光合有效光量子通量密度（photosynthetic photon flux density，PPFD），

即单位时间、单位面积上到达或通过的光合有效辐射（波长 400~700 nm）的光量子数，单位：$\mu mol \cdot m^{-2} \cdot s^{-1}$，主要指与光合作用直接相关的波长 400~700 nm 的光照强度。

上述三种光照强度的表述方法经常在实际生产中应用，但由于描述的光照辐射范围不尽相同，这三个光强度量单位只有在同一光源或相同光谱特性的光源之间才可以互相转换。

目前，在植物生产领域，最常用的光照强度度量单位是光合有效光量子通量密度（PPFD）。但由于现有光源都是为了人类照明的使用来开发的，为了更好地相互换算和比较，经常会用到补正视觉灵敏度的概念。为了更接近人类的光感，常用人类最敏感的绿色作为视觉灵敏度的最大估量单位。

实际上，光合作用的光灵敏度与人眼的视觉灵敏度并不一致，例如，人眼最敏感的是波长 555 nm 的绿光，而植物叶绿素对绿光吸收较少；相反，人眼对光合作用影响很大的波长 450 nm 蓝光的视觉灵敏度比（将人类对波长 555 nm 的眼睛的灵敏度作为 1 的一种相对灵敏度）却仅为 0.038。也就是说，只达到同样能量绿光的 4%，因此眼睛几乎感觉不到。图 3-1 表示的是光合作用与视觉灵敏度比以及光量子的波长依存性的关系曲线。光合作用光谱和等量子线的关系显而易见，植物对基本光量子单位的反应与视觉灵敏度比并无共同之处。这表明适合人类的光强单位并不适合植物，因此，需要对植物的光强单位进一步调整和换算。

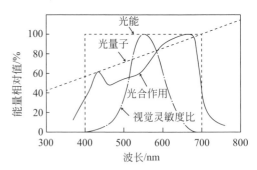

图 3-1　光合作用与视觉灵敏度比以及光量子的波长依存性（高辻正基，《完全制御型植物工厂》）

针对植物生产需求，一般植物工厂使用的光量（光能）和光强度单位为光通量密度 $\mu mol \cdot m^{-2} \cdot s^{-1}$，但由于经常也有人使用光通量 lm、光照度 lx 和光合有效辐射照度 W·m^{-2}，所以必须针对不同光源建立这些单位之间的换算系数。表 3-1 为常用光源光照强度度量单位间的换算系数。为了计算不同单位的光强参数，最好通过换算系数将单位统一。

表 3-1　常用光源光照强度度量单位间的换算系数

光源	W·m^{-2} 转换为 μmol·m^{-2}·s^{-1} 乘法系数 400~700nm	μmol·m^{-2}·s^{-1} 转换为 lx 乘法系数 400~700nm
日光直射光	4.57	54
日光散射光	4.24	52
高压钠灯	4.98	82
金属卤素灯	4.59	71
汞灯	4.52	84
暖白色荧光灯	4.67	76
白色荧光灯	4.59	74
白炽灯	5.00	50
低压钠灯	4.92	106
660 nm LED	5.52	5.8
455 nm LED	3.80	10.0

光合有效辐射日累积量

植物光合有效辐射日累积量（daily light integral，DLI）是指单位面积上每天截获到的光合作用光量子通量密度（PPFD，μmol·m^{-2}·s^{-1}）的总量，单位为 mol·m^{-2}·d^{-1}。植物光合有效辐射日累积量与植物的光合产物、干物质的积累量以及品质总体上成正相关关系。以 PPFD 200 μmol·m^{-2}·s^{-1}、光周期 16 h 为例，其 DLI 计算如公式（3.1）所示，式中 3600 为每小时的总秒数。

$$DLI=（200×16×3600）/1\,000\,000 \tag{3.1}$$

例如，番茄正常生长的最低光合有效辐射日累积量为 10~12 mol·m^{-2}·d^{-1}，保证产品品质的光合有效辐射日累积量为 14~20 mol·m^{-2}·d^{-1}，而最为理想的 DLI 要高于 20 mol·m^{-2}·d^{-1}。

3.2.2 光谱

太阳光中包含的光谱范围极宽，但能为植物生长提供动力和信号的光能占比非常小。长期以来，人们一致认为对光合作用有效的可见光波长是在400~700 nm 之间，因此，这段光谱被定义为植物生长光合有效辐射（photosynthetic active radiation，PAR）。

近年来，随着植物光合系统以及光受体相关研究的不断进展，在光合有效辐射的基础上，植物作用光谱也更加丰富。根据 2017 年美国农业与生物工程学会所发布的《*Quantities and Units of Electromagnetic Radiation for Plants（Photosynthetic Organisms）*》，除之前植物生长通用的光合有效辐射（400~700 nm）之外，统一将中波紫外线、长波紫外线以及远红光也纳入了植物作用光谱中，并明确规定了各种光质的有效范围。所以，在目前重点研究的植物作用光谱中，波段范围扩展为 280~800 nm，如图 3-2 所示，包括中紫外线（280~315 nm）、近紫外线（315~400 nm）、蓝光波段（400~500 nm）、黄绿光波段（500~600 nm）、红光波段（600~700 nm）以及远红光波段（700~800 nm）。

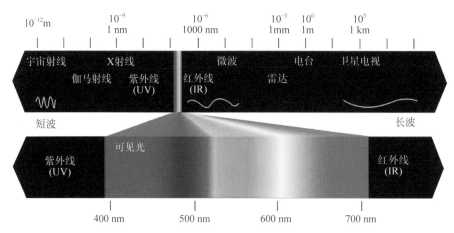

图 3-2　植物作用光谱在太阳光谱中的位置及不同光质的简单分类

3.2.3　光周期

在一天之中，白天和黑夜的相对长度，称之为光周期（photoperiod）。在自然界各种气象因子中，日照长度变化是最可靠的信号。生长在地球上不同地区的植物在长期适应和进化过程中表现出了对昼夜长短信号的感知，从而调节其开花、休眠、落叶等生理过程（武维华，2003）。此外，从植物光合作用层面来看，植物正常生长也需要一定时长的光期和暗期。植物在光期进行光合作用，在暗期完成光合产物转运。研究证实，在长期连续光照环境下，由于植物叶片光合产物（淀粉）累积，导致光合器官受损，叶片光合能力下降（Velez-Ramirez et al., 2011）。光周期与光照时数密切相关，光照时数是指作物被光照射的时间。在植物工厂生产中，合理安排光期、暗期对保证植物正常生长发育至关重要。

3.2.4　光分布

光分布分为光的空间分布和时间分布。

光的空间分布是指植物受光面区域内光强度和色温的分布以及光线相对于植物受光面的空间照射角度。光的空间分布的均匀性是影响栽培面作物生长一致性的重要因素，同时也在一定程度上影响种植者的视觉感官。光空间分布的均匀性可通过优化光源结构和控制光源加工工艺来实现，如 LED 光源，实现光空间分布均匀的主要方法有：采用自由曲面透镜的方式提高 LED 出射光空间色温和强度的均匀度；通过构建色温均匀度评价函数，优化 LED 阵列结构，实现目标栽培面上色温和强度的均匀分布；通过改变荧光粉涂层的形状、结构以及涂覆方式实现 LED 色温均匀分布。

光的时间分布是指同一种光质、光强的组合在一个光周期时间轴上的分布，主要体现在供光模式的差异上。根据几种人工光利用型植物工厂中常见的供光模式，可将光的时间分布分为连续供光型、交替供光型、间歇供光型等。连续供光是指在一个光周期内，同一种光质、光强的组合连续不变，即光在时间轴上的分布是连续、均匀的（如图3-3中的 RB 和 RB′ 模式以及图3-4中的 L/D（1）模式）。交替供光型是指在一个光周期内，两种或多种光强、光质的组合以一定的频率交替出现、规律分布（如图3-3中的 R/B 模式）。间歇供光型是指在一个光周期内，一种光强、光质的组合以一定的频率间歇出现、规律分布（如图3-4中的 L/D（2）至 L/D（8）模式）。

图 3-3　红蓝光交替供光模式

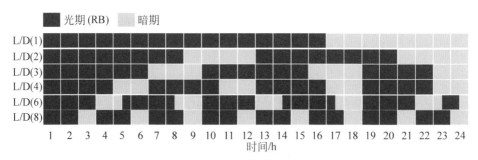

图 3-4　红蓝光间歇供光模式

植物光合作用

　　植物光合作用（photosynthesis）是指植物利用光能通过叶绿素等光合色素将 CO_2 和水转化为储存能量的有机物，并释放出氧气的生化过程。植物光合作用是一个复杂而完整的生化系统，其发生的部位在叶肉细胞的叶绿体中。光合作用分为光反应和暗反应两个阶段，光反应是指叶绿体分子利用其所吸收的光能将水分解为氧气和还原态氢，并将光能转化为化学能，其发生部位为类囊体膜；而暗反应则是指叶绿体利用光反应产生的还原态氢和化学能将 CO_2 固定并合成葡萄糖的过程，其发生部位在叶绿体（武维华，2003）。

　　光合系统在单位面积单位时间固定 CO_2 的量（或释放氧气的量）称之为光合速率，光合速率是判断植物合成有机物速率的重要指标。理论上来讲，植物在光合作用中吸收的 CO_2 越多，制造的碳水化合物越多，植物干物质产量就越高。

$$6CO_2+6H_2O \xrightarrow{\text{光}} C_6H_{12}O_6+6O_2$$

　　以上为光合作用能量转化关系，植物利用光照将 CO_2 和水转化为有机物和氧气，该过程是地球生命活动的物质基础。

　　叶片是植物进行光合作用的重要器官，而叶绿体（chloroplast）则是进行光合作用的主要细胞器。

植物工厂

3.3.1　植物光合作用对光强的响应

图 3-5 为典型的植物叶片和冠层光合作用光响应示意图，从图中可以看出，植物叶片光合作用光响应曲线有几个重要的节点。

在光合有效辐射为 0 $\mu mol \cdot m^{-2} \cdot s^{-1}$ 时（即黑暗条件下，A），植物只进行呼吸作用，即消耗体内有机物和释放 CO_2。当光强增加到某一点后，光合作用同化 CO_2 的量与呼吸作用释放 CO_2 的量相等时的节点为光补偿点（B），该点的光照强度即为光补偿光照强度。当光强高于光补偿光照强度时，光合作用同化的 CO_2 量大于呼吸作用释放的 CO_2 量，且光合作用速率随光强增加而升高。在此阶段，光合速率与光强呈线性关系（C），其斜率表示光合作用光能利用效率。在整个光合作用光响应曲线中，该阶段的光能利用率最大。因此在人工光植物生产实际应用中，应在这一阶段内寻求合适的光照强度。当光照升高到一定强度时，叶片光合速率升高减缓直至保持平稳，即光合作用达到最大值，而该点称为光饱和点（D），引起光合作用饱和点的光强为饱和光强。对于植株冠层来说，光合速率随光强增加而持续升高，光合作用饱和点不易出现（图 3-5 中实线）。该现象的出现主要是由于作物冠层光分布不

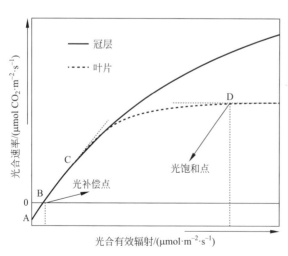

均匀性导致的（Li et al., 2014）。在高光强下，冠层顶部叶片虽已达光饱和点，但冠层中下部叶片仍处于弱光环境。据此，在人工光植物生产实际应用过程中，必须结合作物单叶片和冠层光合特性综合考虑人工光环境参数，从而达到最佳应用效果。

图 3-5　植物单叶片和冠层光合作用光响应曲线

3.3.2　光合作用对光谱的响应

植物在进行光合作用时，其光合色素对光能的吸收和利用起着重要的作用。叶绿素吸收光的能力极强，一般吸收光谱最强的区域有两个：一个在波长为 600~700 nm 的红光波段，另一个在波长为 420~470 nm 的蓝光波段。McCree（1971）通过在人工气候室与大田条件下测定 22 种常见植物不同光照环境下的光合作用，并进行光合速率对光谱的响应分析，提出了植物光合作用在蓝光和红光波段的光量子效率最高（图 3-6）。依据这一结论，人们普遍认为红光和蓝光是植物光合作用的主要光谱，目前不同比例的红蓝光已经作为全人工光植物生产光配方的核心光谱。

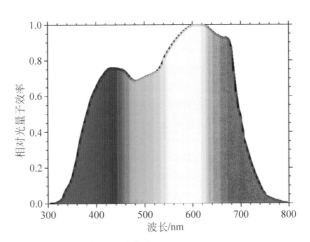

图 3-6　不同波长的相对光量子效率图（参考 McCree, 1971, *The action spectrum, absorbance and quantum yield of photosynthesis in crop plants*）

植物的光控发育

3.4.1 光形态建成

形态建成是指植物生命周期中器官形态结构的形成过程。光形态建成是指在光照条件下，植物生长、发育和分化的过程。该过程发生在植物生长的任何时期，从萌发、营养生长、生殖生长到衰老死亡，每一个阶段都要接受光信号的调控。植物通过一系列的光受体来感受光信号。光信号激发植物体内的光受体，并通过一定的信号传递、信号放大、基因表达、蛋白质合成以及细胞代谢等一系列变化影响植物生长发育（武维华，2003）。根据最有效的吸收光谱和作用光谱区域，目前所知植物的光受体（photoreceptor）包括以下几类：光敏色素（phytochrome）、隐花色素或称蓝光/紫外光-A受体（cryptochrome 或 UV-A receptor）、紫外光-B受体（UV-B receptor）、向光素（phototropins）以及 ZTL 基因家族（Heijde & Ulm，2012），图3-7显示了几种光受体相应的光响应范围。

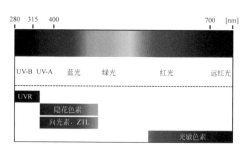

图3-7　UVR8、隐花色素、向光素、ZTL基因家族以及光敏色素的光响应范围

红光与远红光

红光作为光信号调节植物光形态建成需要与远红光组合起作用。红光与远红光共同调节光敏色素（phytochrome）从而调节植物光形态建成。光敏色素分为红光吸收型和远红光吸收型，两种状态在不同比例的红光和远红光下相互转化，调节下游代谢，调控植物生长发育，改变植物形态（Franklin & Whitelam，2005）。光敏色素缺失会导致植物对病原菌、害虫等生物胁迫以及低温、高温、干旱、盐等非生物胁迫的抗性发生改变；调节红光/远红光比例可影响植物对上述逆境胁迫的抗性，并且通过水杨酸、茉莉酸和脱落酸等激素信号途径诱导植物的抗性（Demotes-Mainard et al., 2016）。红光过高会抑制植物节间伸长，促进其横向分枝，添加远红光能够抑制相关的红光效应；在低比例红光和远红光照射下，植物节间伸长、植株增高、有利于提高光在垂直方向的均匀分布（Zhang et al., 2019）。远红光虽然并不是光合有效辐射，但是在光形态建成方面具有非常重要的作用。

蓝光

蓝光调控植物生长主要通过两种光受体，一种是隐花色素（crypto-chromes），另一种是向光素（phototropins）（Briggs & Christie，2002）。研究发现蓝光对植物的根、茎、叶、花、生物量累积等均有调控作用。蓝光有利于植物根系的生长发育，蓝光条件下培育的作物幼苗发根数目多、生物量大，而且蓝光能提高幼苗根系活力、总吸收面积和活跃吸收面积。蓝光对植物茎秆生长发育也具有重要影响。众多研究表明，蓝光可以抑制茎秆伸长，但也因植物种类不同而有所差异。Mortensen 等（1987）发现与自然光相比蓝光显著降低了菊花和番茄的株高。Hernández 和 Kubota（2016）研究表明蓝光下黄瓜苗的茎伸长明显提高；但是，生菜的茎秆伸长在蓝光下显著降低，其原因是蓝光可提高生长素（IAA）氧化酶的活性，降低生长素水平，进而抑制植物的伸长生长。因此，蓝光对植物形态的影响因品种而异。蓝光对

植物生长与形态建成的调控可能与植物激素的浓度变化相关。不同波长的光谱可以通过与其相关的色素作用来影响植物体内的激素平衡，进而引发植物的生理生态变化。余让才等（1997）研究表明，与白光相比，蓝光抑制水稻幼苗生长，并能使水稻幼苗体内的自由态生长素、赤霉素、玉米素和二氢玉米素含量下降，脱落酸和乙烯的含量上升。蓝光在植物光形态建成中具有重要作用，影响植物的向光性、光形态发生、气孔开放以及叶片的光合作用（Briggs & Christie，2002）。

近紫外光（UV-A）

近紫外光（UV-A）是一种长波紫外线，与 UV-B 同属于紫外光，但目前没有研究表明 UV-A 会对 DNA 造成损伤。近紫外光调控植物生长光受体与蓝光相同，包括隐花色素（cryptochromes）和向光素（phototropins），但体外分离两种光受体其吸收光谱的波峰在蓝光区而非近紫外光区，所以近紫外光会对植物产生与蓝光相似的影响但影响程度又不相同。研究表明，植物叶片组织对 UV-A 有快速的响应，表现为 UV-A 刺激植物加强次生代谢作用，产生更多的次生代谢物质如酚类物质和黄酮类物质（Verdaguer et al., 2017）。UV-A 还能改变叶片结构，引起角质、叶片细胞以及栅栏组织等结构发生变化，从而过滤部分紫外光、保护叶片。同时叶片表皮细胞层加厚，当紫外光在穿透表皮时对紫外光进行过滤，从而减少到达叶片内部的紫外光，这些是植物保护自身免受太阳光中紫外光伤害的重要机制。有研究发现，一定剂量的UV-A 处理后能够保护植物避免 UV-B 对叶片内光合器官的损伤，所以 UV-A 与 UV-B 对植物的影响并不是独立存在的，而是相互影响的。

总的来说，UV-A 可作为一种刺激信号激发植物产生一系列生理反应从而提高植物的抗逆性，但同时其破坏能力相比于 UV-B 较弱，并不足以伤害植物组织、器官或者 DNA。研究表明，UV-A 能够提升植物叶片光保护作用，刺激植物增强次生代谢，从而产生更多的次生代谢物质，而该类物质能够从物理和生物化学两方面对植物进行光破坏防御。一方面，次生代谢物质加强对高光强的阻挡与过滤；另一方面，次生代谢物质能够消除过氧化物和单线态氧等有毒光产物，降低光抑制的发生概率。植物在动态光环境或者高光强环境中，UV-A 能够起到保护光合系统的作用。

中紫外光（UV-B）

大量研究表明，约 2/3 陆地植物对中紫外线（UV-B）辐射响应显著。虽然存在种间和亚种之间的差异，但增加 UV-B 辐射会对植物生长和发育存在不利的影响，主要体现在减缓植物生长、抑制胚轴伸长、光合速率降低，同时还会引起类黄酮、花青素苷和过氧化物质的积累增加，叶片变厚变小并向下弯曲。而这些调控的发生，起始于植物通过其特有的光受体 UV-B resistance 8（UVR8）感受外界 UV-B 辐射。高强度或者长时间的 UV-B 照射会对植物造成系统的伤害，所以在全人工光植物生产中 UV-B 的使用非常少。近年来，也有研究者提出合理利用 UV-B 辐射可改善园艺产品产量及品质，但具体应用方案还有待深入探讨。

黄绿光

黄绿光（500~600 nm）波长介于红蓝光之间，也属于光合有效辐射。但是叶绿体对黄绿光波段的吸收较少，即利用率较低，因此在前人研究中一般认为该波段对植物生长没有贡献。然而近期的研究发现，绿光对植物下部叶片的光合与生长有显著的调节作用，植物会产生类似于庇荫反应的下部伸长现象。也有研究发现在红蓝背景下添加绿光能够减缓莴苣叶片中叶绿素的降解；补充绿光还能够提高红蓝背景光下番茄幼苗叶片中叶绿素含量，促进幼苗伸长，提高番茄幼苗的壮苗指数。但是黄瓜对绿光的响应明显与其他植物不同，所以不同植物品种对绿光的响应尚待更多的研究和数据支持。

3.4.2　光周期现象

植物在长期适应和进化过程中表现出生长发育的周期性变化，植物对日照长度发生反应的现象称为光周期现象（photoperiodism）。植物的开花、休眠、落叶以及储藏器官的形成都受日照长度的调节。目前，在植物的光周期现象中最为重要且研究最多的是植物成花的光周期诱导。大量实验证明，植物的开花与昼夜光暗期的长度即光周期有关，许多植物必须经过一定时间的适宜光周期后才能开花，否则就一直处于营养生长状态。光周期现象的发现，使人们认识到光不但为植物光合作用提供能量，而且作为环境信号调节植物整个生命周期中许多发育过程，特别是在植物成花反应中的"信号"作用。根据植物成花的光周期反应类型，植物主要分为长日植物（如油菜、菠菜、萝卜、白菜等）、短日植物（如草莓、烟草、菊花等）、日中性植物（如黄瓜、茄子、番茄、辣椒等）。

3.5

人工光源及光环境调控

3.5.1　植物生产对人工光源的要求

植物生产对人工光源的要求主要体现在三个方面，即光谱性能、发光效率以及使用寿命。

在光谱性能方面，要求光源具有富含 400~500 nm 蓝紫光和 600~700 nm 红橙光，适当的红蓝光比例（R / B）、红光（600~700 nm）与远红光（700~800 nm）比例（R / FR），以及具有其他特定需求的光谱成分（如补充紫外光不足等），既能保证植物光合对光质的需求，又要尽可能减少无效光谱和能源消耗。

在发光效率方面，要求发出的光合有效辐射量与消耗功率之比达到较高水平。发光效率的表示方法有：可视光效率（光效率）— lm / W；光合有效辐射效率（辐射效率）— mW / W；光合有效光量子效率（光量子效率）—（μmol/s）/ W 或 μmol / J。

在其他性能要求方面，希望使用寿命尽可能长一些，光衰小一些，价格相对低一些等。

3.5.2　植物工厂主要人工光源

到目前为止，植物工厂所使用的人工光源主要有高压钠灯、荧光灯和发光二极管（LED）等。

高压钠灯（high pressure sodium lamp，HPS）：高压钠灯是在放电管内充高压钠蒸气，并添加少量氙（Xe）和汞（Hg）等金属的卤化物帮助起辉的一种高效光源。特点是发光效率高，功率大；寿命长（12 000~20 000 h）；但其光谱分布范围较窄，以黄橙色光为主。由于高压钠灯单位输出功率成本较低，可见光转换效率较高（可达 30% 以上），基于经济性考虑以及其他节能光源（如荧光灯、LED 等）尚未开发，早期的人工光植物工厂，尤其是小型植物工厂（如艾斯贝克希克公司的植物工厂）主要采用高压钠灯。

由于高压钠灯所发出的光谱缺少植物生长必需的红色和蓝色光谱，而且这种光源还会发出大量的红外热，难以近距离照射，致使植物工厂的层间距较大（至少在 800~1000 mm，还需要增加降温水罩），不利于多层立体式栽培。因此，近年来人工光植物工厂已经很少采用高压钠灯，即使使用也会采取一些降温措施（如采用玻璃隔离或降温水罩）减少热量向栽培床散失；针对光谱成分中蓝光缺乏的问题，通过在两个高压钠灯之间加入一些蓝色 LED 光源，以弥补其蓝色光谱的不足。

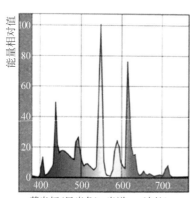

图 3-8　荧光灯光谱组成

荧光灯（fluorescent lamp）：低压气体放电灯，玻璃管内充有水银蒸气和惰性气体，管内壁涂有荧光粉，光色随管内所涂荧光材料的不同而异。管内壁涂卤磷酸钙荧光粉时，发射光谱范围在 350~750 nm，峰值为 560 nm，较接近日光（图 3-8 所示）。同时，为了改进荧光灯的光谱性能，近年来灯具制造企业通过在玻璃管内壁涂以混合荧光粉制成具有连续光谱的植物用荧光灯（图 3-9），改进后的荧光灯在红橙光区有一个峰值，在蓝紫光区还有一个峰值，与叶绿素吸收光谱极为吻合，大大提高了光合效率。

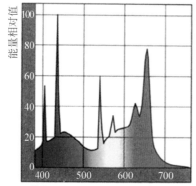

图 3-9　植物用荧光灯光谱组成

荧光灯光谱性能好，发光效率较高，功率较小，寿命长（12 000 h），成本相对较低。此外，荧光灯自身发热量较小，可以贴近植物照射（图 3-10），在植物工厂中可以实现多层立体栽培，大大提高了空间利用率。但荧光灯自身也有不少缺陷，无论哪种类型的荧光灯都缺少植物需要的红色光（波长 660 nm 左右），为了弥补红色光谱的不足，通常在荧光灯管之间增加一些红色 LED 光源（图 3-10）。而且直管型荧光灯中间的光照强度较大，因此还要设法通过荧光灯管的合理布局，使光源尽可能做到均匀照射。同时，荧光灯管一般不带有灯罩，照射时向灯管顶部和栽培床侧面会散射出较多的光，相应地减少了照射到植物体的光源能量。目前，国际上比较常用的方法是增设反光罩，尽可能增加植物栽培区的有效光源成分。

图 3-10　荧光灯在植物工厂的应用

发光二极管：其发光核心是由 Ⅲ - Ⅳ 族化合物如砷化镓（GaAs）、磷化镓（GaP）和磷砷化镓（GaAsP）等半导体材料制成的 PN 结。它是利用固体半导体芯片作为发光材料，当两端加上正向电压，使半导体中的载流子发生复合，放出过剩的能量而引起光子发射，产生可见光。

LED 能够发出植物生长所需要的单色光（如波峰为 450 nm 的蓝光、波峰为 660 nm 的红光等），光谱域宽仅为 ±20 nm，而且红、蓝光 LED 组合后，还能形成与植物光合作用需求吻合的光谱。LED 的开发与应用为人工光植物工厂的发展提供了良好的契机，可以克服现有人工光源的许多不足，使人工光植物工厂的普及应用成为可能。与荧光灯等相比，LED 具有以下显著优势：

节能：LED 不依靠灯丝发热来发光，能量转化效率非常高，目前白光 LED 的电能转化效率最高，已经达到 80%，普通荧光灯的电能转化效率仅为 20% 左右。所以，白色 LED 的节电效果可以达到荧光灯的 4 倍。虽然不是所

有波段的 LED 都能达到白色 LED 的节电效果，但是随着 LED 技术的迅猛发展，它已成为节能光源发展的一个重要趋势。

环保：现在广泛使用的荧光灯等光源中含有危害人体健康的汞，这些光源的生产过程和废弃的灯管都会对环境造成污染。而 LED 没有任何污染，并且发光颜色纯正，不含紫外和红外辐射成分，是一种"清洁"光源。

寿命长：LED 是用环氧树脂封装的固态光源，其结构中没有玻璃罩、灯丝等易损坏的部件，耐振荡和冲击，寿命可达 50 000 h 以上，是荧光灯的 5 倍，白炽灯的 100 倍。所以 LED 光源除节约能源与环保外，还能减少用于光源更换与维护的劳动力支出。

单色光：LED 发出的光为单色光，能够自由选择红外、红色、橙色、黄色、绿色、蓝色等光谱，按照不同植物的需要将它们组合利用，不仅节省能耗，而且还可提高植物对光能的吸收利用效率。

冷光源：由于 LED 发出单色光，没有红外或远红外的光谱成分，是一种冷光源，可以接近植物表面照射而不会出现叶片灼伤的现象，并且它的体积小，可以自由地设计光源板的形状，极大地提高了光源利用率和空间利用率，有利于形成多段式紧凑型的栽培模式，适用于人工光植物工厂的集约型生产模式。

基于以上优势，LED 被认为是人工光植物工厂的理想光源。它的应用能够降低人工光植物工厂的能源消耗和运行成本，提高光能利用率和光环境的控制精度，促进植物工厂的普及与推广。同时对解决环境污染，提高植物工厂的空间利用率，减少温室效应都具有十分重要的意义。当前，LED 正在成为人工光植物工厂的主流光源。

3.6

植物工厂光效及光能利用率

在人工光型植物工厂中，电能消耗约占运行成本的 52%，其中用以植物生长的人工光源能耗约占电能总消耗的 60%（图 3-11）。提高能量利用率是降低人工光型植物工厂生产成本、提高经济效益的重要途径，也是环境友好型可持续发展的必要保障。

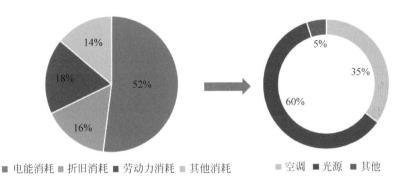

图 3-11　人工光植物工厂运行成本分布（左）及电能消耗分布（右）

3.6.1　电能利用率和光能利用率

电能利用率（electric energy use efficiency，EUE）是指在单位时间内的植物化学能增加量与光源消耗的电能总量的比值。式（3.2）为 EUE 的计算方法，EUE_i 表示第 i-1 与第 i 次取样之间植株对电能的利用率；DW_i 和 DW_{i-1} 分别代表第 i 次和第 i-1 次取样时植株的生物量（一般取最终成为商品或食用部分的干物重），单位为 g·株 $^{-1}$；W_{che} 为每克干重对应的化学能，为 2×10^4 J·g^{-1}（Kozai，2013）；S 为栽培面积，单位 m^2；D_i 为第 i 次取样时的栽培密度，单位为株·m^{-2}；P 为光源的实时工作功率，单位 W；t 为第 i 次和第 i–1 次取样之间的时间，单位为 s。

$$EUE_i = \frac{(DW_i - DW_{i-1}) \times W_{che} \times S \times D_i}{P \times t}$$ （3.2）

光能利用率（light energy use efficiency，LUE）是指在单位时间内的植物化学能增加量与光源照射的光能总量的比。式（3.3）为 LUE 的计算方法，LUE_i 表示第 i–1 与第 i 次取样之间植株对人工光源光能的利用率；DW_i 和 DW_{i-1} 分别代表第 i 次和第 i–1 次取样时植株的生物量（一般取最终成为商品或食用部分的干物重），单位为 g·株 $^{-1}$；W_{che} 为每克干重对应的化学能，为 2×10^4 J·g^{-1}（Kozai，2013）；D_i 为第 i 次取样时的栽培密度，单位为株·m^{-2}；W_r 为单位面积植株冠层接受到的光合有效辐射能，单位 W·m^{-2}；t 为第 i 次和第 i–1 次取样之间的时间，单位为 s。

$$LUE_i = \frac{(DW_i - DW_{i-1}) \times W_{che} \times D_i}{W_r \times t}$$ （3.3）

3.6.2　能效提升策略

在人工光型植物工厂中，提高 EUE 和 LUE 的途径有以下几方面：

栽培作物的选择：尽量选种需光强度低（PPFD 小于 300 µmol·m^{-2}·s^{-1}）、栽培周期短（1~2 个月）、可食用部分生物量占比高的作物，如种苗、叶菜、药用植物、香料植物等。

优化光源生产工艺：提升人工光源的光量子效率或辐射效率；电路改良，减少光源驱动的电能损耗。

光源优化布置：LED 近距离照射叶片，由此 LED 发出的 90% 的光可到达叶面，减少了能量损耗。利用 LED 元件的灵活性，按照植物生长需求多方向布置 LED 原件，使其在光照强度、光照方向、光谱组成等方面均达到最佳光照环境。此外，利用透镜等聚集光线，提高有效栽培区域光强度，也可以一定程度上提高光源电能利用效率。

根据现有植物工厂栽培工艺，幼苗植株在达到成菜前要经过 2~3 次移栽，栽培密度逐渐降低。该过程十分耗费人力资源，受其成本与生产规模的制约，相当一部分植物工厂只进行 1~2 次移栽，甚至不移栽。无论何种情况，定植或移栽后的植株周围均保留有大量空间以满足植物未来一段时间的生长。这部分空间没有植物覆盖，但仍然接受了持续的光照，不利于光能利用率提高。Likun 等（2016）的研究发现，采用多芯片 LED 光源，配合聚焦透镜与菲涅尔透镜等二次配光技术，在作物生长期将有限的光能集中在作物冠层（图 3-12），能够减少 52.1% 的电能消耗，提高光能利用率 55.6%。

供光策略筛选：调整光强、光质的空间分布，如采用渐变供光、交替供光、间歇供光等策略，可以显著提升光能和电能利用效率。

图 3-12　聚焦 LED 及其栽培效果

3.7 LED 在植物工厂应用历程

　　LED 具有诸多优点，近年来受到国内外植物工厂学者和用户的广泛关注。随着 LED 价格的不断下降，越来越多的植物工厂正在选用 LED 作为人工光源。1994 年以来，日本开始试用 LED 作为植物工厂的照明光源，日本东海大学高辻正基教授和大阪大学中山正宣教授使用波长为 660 nm 的红光 LED 加上 5% 蓝光 LED 的组合光源进行人工植物工厂的生菜和水稻栽培，获得成功。1997 年渡边博之采用水冷模板 LED 光源在植物工厂内种植蔬菜（图 3-13），栽培方式为营养液膜法（NFT），作物选用生菜、芹菜等，蔬菜定植 2 周后即可收获，在 800 m² （8 m×10 m×10 层）的栽培面积上，每天生产蔬菜 5900 棵，年产蔬菜 150 万棵。

图 3-13　LED 植物工厂及其水冷装置

　　2009 年 2 月，日本 Fairy Angel 公司宣布，开始与 LED 照明厂商 CCS 联手，开发出使用 LED 照明的"Angel Farm 福井"蔬菜工厂，并希望取得效果后在日本进行推广。近年来，欧美等国的 LED 植物工厂发展异常迅速，如美国新泽西州纽瓦克市的垂直农场 Aero Farms 全部采用 LED 光源，年产约 200 万磅（约 90 万 kg）蔬菜；2017 年 2 月，荷兰 Staay 食品集团建造了一个 9 层楼的植物工厂，并应用 LED 植物照明种植高品质、无农药的新鲜生菜，供应连锁超市；迪拜即将建成世界上最大的 LED 垂直农场，竣工后将占地 18.11 亩（1 亩 ≈666.67 m²），预计每天能产出 2700 kg 高质量、无除草剂和无农药的绿叶蔬菜。当前，国际上一些知名企业，如飞利浦、欧司朗、三星、GE 等也在积极开展植物 LED 光源的研发，希望开发出高品质人工光植物工厂的专用 LED 光源。

国内有关 LED 在植物工厂的应用起步于 2006 年，中国农业科学院农业环境与可持续发展研究所于 2006 年 3 月建成了一座 20 m² 的小型人工光植物工厂，光源系统一半采用 LED，一半采用荧光灯，并配置有环境控制与水耕栽培系统，由计算机对室内环境要素和营养液进行自动检测与控制，这是中国第一个人工光植物工厂试验系统，也是第一个采用 LED 作为人工光源的植物生产系统。2009 年，该所又建成了 100 m² LED 智能植物工厂试验系统（图 3-14），先后有 10 多位博士生和硕士生进行了人工光叶菜栽培、育苗以及药用植物培育的试验研究，取得了一大批原始数据，为我国植物工厂的应用奠定了基础。随后，该所在山东寿光、北京、广东珠海、江苏南京、浙江杭州等地相继建立了规模不等的采用 LED 作为人工光源的植物工厂，大大推进了 LED 在植物工厂的应用步伐。

图 3-14　LED 植物工厂实验系统

植物工厂叶菜生产 LED 光配方研究案例

笔者所在课题组近年来在 LED 植物工厂领域开展了一系列基础性探索，以下简要介绍 LED 光源在人工光叶菜植物工厂的试验研究情况。

3.8.1　红蓝光下不同光强和光质配比对生菜光合能力的影响研究

LED 作为波长单一、光质可自由组合的高效节能光源，被认为是现阶段人工光植物工厂的理想光源。作为人工光植物工厂的核心，探明并优化 LED 的光质配方及其光强参数是提高植物生产能力和降低人工光能耗的关键。

红蓝光作为植物叶片吸收的主要光谱，相关研究已经很多，但主要集中在不同光强和红蓝光配比对植物生长、形态和品质影响等方面，缺乏对红蓝 LED 组合光下不同光配比和光强对植物光合能力影响机理的研究，难以从光合层面上阐明提升光合效率的途径；同时，也缺乏从光能和电能利用效率角度提出降低系统运行成本的技术参数。

针对以上问题，课题组从研究红蓝光配比和光强对植物光合能力影响机理入手，以期为提高生菜的光能利用效率探明适宜的光配方优化参数，减少人工光植物工厂的运行成本，为其推广应用提供科学的理论依据。试验选用"奶油"生菜（*Lactuca sativa* L.）品种，采用营养液栽培，利用红蓝 LED 作为生长光源，从生长形态、光合荧光特性、光能利用效率等方面入手，研究不同红蓝光配比和光强对生菜叶片光合能力的影响。

在筛选适宜生菜生长光强的研究中，设置红蓝光配比（R/B）为1，光强为200、300 μmol·m⁻²·s⁻¹和400 μmol·m⁻²·s⁻¹共3个光强梯度，研究发现光强在200 μmol·m⁻²·s⁻¹处理下生菜光能利用效率（LUE）达到最大；光强为300 μmol·m⁻²·s⁻¹下电能利用效率（EUE）达到最大，但光强200 μmol·m⁻²·s⁻¹下生菜EUE与其他处理无显著性差异（图3-15）。基于节能高效生产考虑，确定光强200 μmol·m⁻²·s⁻¹为生菜生长适宜的光照强度。

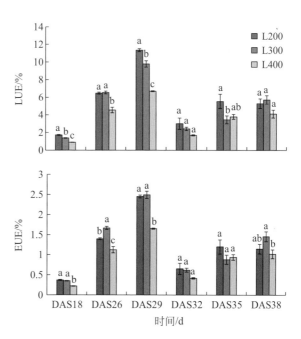

图3-15　LUE和EUE随定植时间的变化规律。（注：图中不同小写字母表示处理间在 p<0.05 水平差异显著。）

在不同R/B对生菜叶片光合能力影响的研究中，设置生长光强为200 μmol·m⁻²·s⁻¹，光质为R、R/B=12、R/B=8、R/B=4、R/B=1、B和FL共7个处理。通过相同光强下不同R/B处理对生菜叶片光合能力的研究发现：与红光处理相比，红蓝混合光可以有效提高叶片的光合能力。除蓝光处理外，光合速率（P_n）随着R/B降低而增大，在R/B=1处理下达到最大值（图3-16，左）。推测其主要原因为蓝光增加直接增大了气孔导度（图3-16，右）、光合电子传递、氮利用效率，促进了Rubisco羧化反应，减少了叶片碳水化合物的积累，进而增强了光合速率（P_n）。地上干重随着R/B增加而升高，但在R/B=12处达到最大；导致该结果的直接原因主要是减少蓝光含量增加了植株的叶面积和叶片数（表3-2）。在R、R/B=12、8、4、1和B下的6个光质处理中，生菜 LUE 和 EUE 随着 R/B 增加而增加，在 $R/B=12$ 下达到最大。

综上，在光强为 200 $\mu mol \cdot m^{-2} \cdot s^{-1}$ 下，虽然提高红光比例降低了单叶片的光合速率，但是在高比例红光条件下植株生物量及能量利用效率均高于低比例红光处理，因此，考虑适宜生菜生长的红蓝光配比宜为 8~12。

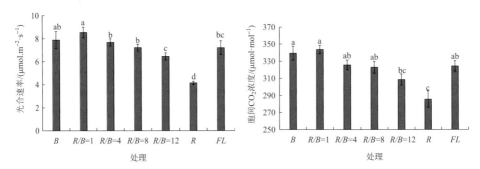

图 3-16　不同 R/B 处理对生菜叶片光合速率（左）和气孔导度（右）的影响。（注：图中不同小写字母表示处理间在 $p<0.05$ 水平差异显著。）

表 3-2　不同 R/B 处理对地上干重、叶片数、叶面积（LA）的影响

	R/B 比值					
	B	$R/B=1$	$R/B=4$	$R/B=8$	$R/B=12$	R	FL
地上干重 /g	0.95d	1.04cd	1.37b	1.67a	1.83a	1.80a	1.19bc
叶片数	20c	22c	25b	30a	28ab	26b	22c
叶面积 /cm^2	545c	597c	771b	898a	956a	950a	894.5a

在相同 R/B 下光强对生菜叶片光合能力影响的研究中，设置 R、$R/B=12$、8、4、1 和 B 共 6 个光质处理，200 $\mu mol \cdot m^{-2} \cdot s^{-1}$ 和 400 $\mu mol \cdot m^{-2} \cdot s^{-1}$ 两个光强梯度；结果发现：400 $\mu mol \cdot m^{-2} \cdot s^{-1}$ 下较高 R/B 下叶片的光合能力可以通过 200 $\mu mol \cdot m^{-2} \cdot s^{-1}$ 光强下减小 R/B 来实现；并且，400 $\mu mol \cdot m^{-2} \cdot s^{-1}$ 光强下叶片光合速率（P_n）和最大光合速率（A_{max}）随 R/B 减小而增加的趋势与 200 $\mu mol \cdot m^{-2} \cdot s^{-1}$ 光强下 P_n 和 A_{max} 随 R/B 的变化趋势一致（图 3-17）。因此，一定范围内减小 R/B 可以达到与增加光强

对叶片光合能力提升的相同效果。

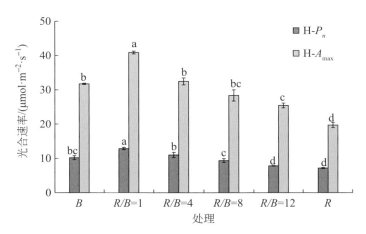

图 3-17　400 μmol·m^{-2}·s^{-1} 光强下不同 R/B 处理对生菜叶片光合速率的影响。（注：图中不同小写字母表示处理间在 $p<0.05$ 水平差异显著。）

在不同光强对生菜叶片光合能力影响的研究中，设置 $R/B=12$，光强分别为 100、150、200 μmol·m^{-2}·s^{-1} 和 300 μmol·m^{-2}·s^{-1} 共 4 个处理。结果发现：叶片 P_n 和 A_{max} 随着光强增加而增加（图 3-18），引起该结果可能的原因是增加光强提高了叶片质量面积（LMA），增加了捕获光合有效辐射的能力；同时增大了 g_s 和 C_i（图 3-18），促进了气孔打开，减少了气孔阻力，使外界 CO_2 更容易到达羧化位点，增强了 Rubisco 羧化速率，降低了 Rubisco 氧化 / 羧化比和光合电子传递向光呼吸的分配，进一步提高了叶片的光合能力。同时，由于增加光强不仅引起叶片 P_n 提高，还促进叶面积增加，增强了光合有效辐射捕获量，从而引起生菜地上部分干重随着光强增加而增加。光强 200 μmol·m^{-2}·s^{-1} 处理下生菜 LUE 和 EUE 最大，光强为 300 μmol·m^{-2}·s^{-1} 处理下生菜干重达到最大。因此，在实际生产中要权衡高产和高效二者之间的关系。

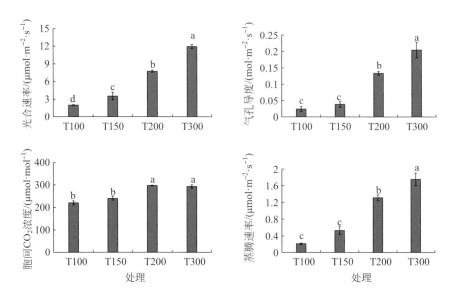

图 3-18　不同光强处理对生菜叶片光合特性的影响。（注：图中不同小写字母表示处理间在 $p<0.05$ 水平差异显著。）

3.8.2　光的时间分布对叶菜生长和品质的影响研究

光的时间分布是同一种光质、光强的组合在一个光周期时间轴上的分布，主要体现在供光模式的差异上。有研究表明，LED 红光在生菜苗期并不利于同化物的积累，而在成熟期可以显著促进叶片同化物积累（Chen et al., 2014）。即如果调整红蓝光的时间分布，将红、蓝光的供光时段错开可能得到更好的产量和品质结果。本课题组设置不同频率的红蓝交替光处理，并以相同比例的红蓝光同时照射作为对照，通过测定生菜生长动态、生物量、光合色素、可溶性糖、粗蛋白、维生素 C 及硝酸盐含量，以比较不同频率的红蓝交替供光模式及红蓝同时供光模式下生菜生长及品质的差异，以期为供光模式的研究提供理论依据。

试验在全人工光型植物工厂中进行，共设置 4 个红蓝交替光处理和 2 个红蓝同时供光的处理。在 16 h 的光期里，红、蓝光每 8 h 切换 1 次，则交替频率为 1，记作 *R/B1*，同理红、蓝光交替频率为 2、4、8 分别记作 *R/B2*、*R/B4* 和 *R/B8*。2 种红蓝光的同时供光模式分别计为 *RB* 和 *RB'*，其中 *RB* 的光合有效辐射日累积量（DLI）以及能耗与 4 个交替处理相同，但光期是 8 h；另一个红蓝同时供光处理 *RB'* 光期和 4 个交替处理一样（16 h），但 DLI 以及能耗均为其他处理的 2 倍。具体试验设计见表 3-3，表中的时间点代表红光与蓝光的供光时间。

表 3-3 红蓝光供光模式

红蓝光交替频率	处理	供光时间	
		红光	蓝光
0	*RB*	07:00—15:00	07:00—15:00
0	*RB'*	07:00—23:00	07:00—23:00
1	*R/B1*	07:00—15:00	15:00—23:00
2	*R/B2*	07:00—11:00 15:00—19:00	11:00—15:00 19:00—23:00
4	*R/B4*	07:00—09:00 11:00—13:00 15:00—17:00 19:00—21:00	09:00—11:00 13:00—15:00 17:00—19:00 21:00—23:00
8	*R/B8*	07:00—08:00 09:00—10:00 ⋮ 21:00—22:00	08:00—09:00 10:00—11:00 ⋮ 22:00—23:00

表 3-4 不同供光模式下生菜生长指标

处理	干质量 /（g/ 株）		鲜质量 /（g/ 株）		叶宽 /mm	叶长 /mm
	地上部	地下部	地上部	地下部		
RB	3.3bc	0.45c	69.0c	6.50	131.7ab	206.3ab
RB'	4.3ab	0.54ab	104.0a	8.5a	149.0a	138.3c
R/B1	4.8a	0.49bc	84.7b	7.3b	132.3ab	226.7a
R/B2	2.3c	0.33d	54.7d	4.7d	106.3b	131.7c
R/B4	2.3c	0.31d	56.0d	4.5d	100.7b	120.0c
R/B8	3.6b	0.57a	78.3bc	8.1a	145.0a	192.7b

注：不同小写字母表示处理间在 $p<0.05$ 水平差异显著，下同。

由表 3-4 可知，生菜地上可食部分鲜质量在 *RB'* 处理下最大，而地上部干质量在 *R/B*1 处理下最大；与 *RB* 处理相比较，生菜地上可食部分的鲜质量在交替处理 *R/B*1 下显著提高，而在 *R/B*2、*R/B*4 处理下显著降低，在 *R/B*8 下无显著性差异。在所有处理中，*R/B*1 下生菜叶长、株高和株幅均最大。

在品质方面，生菜叶片中可溶性糖含量在不同的光处理间均呈现显著性差异（表 3-5），其中，*RB'* 下可溶性糖含量最高；在所有处理中，*RB'* 处理中的粗蛋白含量显著高于其他处理。生菜中维生素 C 含量在交替处理 *R/B*2 和 *R/B*4 下最高，而在 *R/B*1 和 *R/B*8 下维生素 C 含量显著低于其他处理。即与红蓝同时供光模式相比，红蓝交替频率为 2 和 4 的供光策略提高了维生素 C 含量，而交替频率为 1 和 8 的供光策略降低了维生素 C 含量。此外，在所有处理中，*R/B*4 处理生菜叶片中硝酸盐含量最低，与红蓝同时供光处理相比，降低了 30% 左右。

表 3-5　不同供光模式下生菜可溶性糖、粗蛋白、维生素 C 与硝酸盐含量

处理	可溶性糖含量 / ($mg \cdot g^{-1}$ FW)	粗蛋白含量 / ($mg \cdot g^{-1}$ FW)	维生素 C 含量 / ($mg \cdot kg^{-1}$ FW)	硝酸盐含量 / ($mg \cdot kg^{-1}$ FW)
RB	11.3f	11.4d	245.0b	505.0bc
RB'	21.9a	19.3a	255.0b	486.0cd
*R/B*1	19.5b	15.7b	214.5c	595.0a
*R/B*2	15.9d	13.2c	280.0a	455.0d
*R/B*4	13.5e	14.4bc	289.0a	341.5e
*R/B*8	17.6c	14.9b	222.0c	542.5b

综上所述，在等能耗基础上，16 h 光期中，红蓝光交替 1 次有利于生菜地上部生物量、可溶性糖以及粗蛋白的积累；红蓝光交替 4 次有利于生菜中维生素 C 的积累以及硝酸盐的代谢。

3.8.3　远红光对人工光植物工厂叶菜生产的影响研究

长期以来，有关植物工厂环境下 LED 光谱对叶菜生长的影响主要聚焦于红蓝光波段。众所周知，远红光（FR）调节光敏色素并介导植物形态和生理反应，在植物工厂环境下远红光是如何影响叶菜生长的呢？为了明确这一问题，本课题组以"特波斯"（Tiberius）生菜（*Lactuca sativa* L. cv.）为研究对象，设置 3 个处理，分别为对照（无远红光）、全天远红光处理（FR-Day）、暗期前远红光处理（FR-EOD），试验具体设置如图 3-19 所示。

处理	红光 /(μmol·m⁻²·s⁻¹)	蓝光 /(μmol·m⁻²·s⁻¹)	远红光 /(μmol·m⁻²·s⁻¹)
对照	180	20	0
FR-Day	180	20	50
FR-EOD	180	20	50

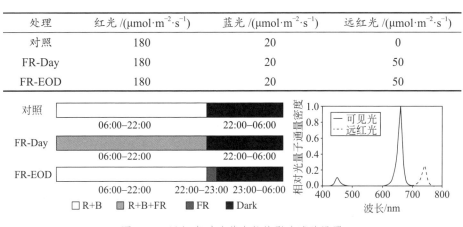

图 3-19　远红光对叶菜生长的影响试验设置

研究结果发现，与对照组相比，FR-Day 和 FR-EOD 处理的植株总生物量分别增加了 52% 和 38%（图 3-21）。在远红光处理下植株总叶面积增加了 11%~37%；同时，植株冠幅松散开放（图 3-20），这些形态特征有助于植株冠层光截获，从而提高植物光能利用效率。另外，在 FR-Day 处理下植物叶片叶绿素和总氮含量显著降低，叶片光吸收率下降（表 3-6），从而导致叶片最大光合速率潜能下降。这种叶片最大光合能力的下调对植物产量的影响十分有限，因为植株在其生长环境中的净光合速率与其他处理相似。上述这些远红光诱导的叶片生理特征在 FR-EOD 处理中没有发生。

图 3-20　远红光对叶菜生长的影响试验效果图

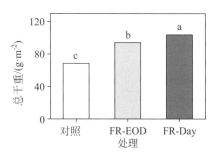

图 3-21　远红光处理对叶菜总干重的影响。(注：图中不同小写字母表示处理间在 $p<0.05$ 水平差异显著。)

综合分析认为，在植物工厂环境下适当应用远红光对叶菜产量提升有着重要的作用。通过对比两种供光模式对植物综合生长特征的影响结果表明，在暗期前补充短时间的远红光可大幅提升光能利用效率，且植物叶片生理特征不受影响。

表 3-6　远红光处理对生菜叶片总氮、叶绿素、可溶性糖、叶片光吸收率的影响

处理	总氮含量 / (g·m^{-2})	叶绿素（$a+b$）/ (mg·m^{-2})	叶绿素 a/b 值	可溶性糖含量 / (mg·g^{-1})	叶片光吸收率 /%
对照	1.39 a	619.2 a	2.19 b	7.4 b	93.1 a
FR-EOD	1.34 a	647.7 a	2.09 b	13.4 a	91.9 ab
FR-Day	1.22 b	488.6 b	2.86 a	15.2 a	90.4 b

LED 在植物育苗 工厂的应用研究

种苗质量的优劣是决定作物产量和品质的关键，育苗工厂化已经成为高品质种苗生产的重要手段。常规种苗生产多是在温室环境下进行，由于育苗过程中的劳动力成本高、受环境影响大、品质难以控制等因素，种苗的规模化、商品化生产正受到越来越多的挑战。因此，迅速提升育苗生产的专业化、规模化水平，大幅提高种苗的品质、降低生产成本，满足日益增长的社会需求，已经成为现代育苗技术的重要目标。

LED 植物育苗工厂，其显著特征是在密闭系统中完全采用人工光进行多层立体式种苗繁育，系统内所有的环境因子均由计算机进行自动控制，受自然条件影响小，生产计划性强，生产周期短，自动化程度高，能显著提高育苗质量、数量以及空间利用率，是继温室育苗之后发展起来的一种高度专业化、现代化的种苗生产方式。LED 植物育苗工厂的核心技术之一是人工光源系统的设计，通过研究植物种苗对光环境的需求，确定基于 LED 光源的光环境优化参数，并以优化指标参数为基础，开发出相应的人工光育苗 LED 光源系统。

课题组在 LED 光环境育苗方面也开展了相关研究。依据植物对光的吸收特点，选择 660 nm 红色 LED 与 450 nm 蓝色 LED 组合光源，进行了不同光强、不同 R/B 配比条件下的育苗试验，并以自然光与荧光灯为对照，探求适用于植物育苗的 LED 光环境优化参数，为 LED 植物育苗工厂的研制提供技术支撑。

供试品种为黄瓜（千秋 3 号），均采用 NFT 栽培方式（图 3-22）。

试验结果表明，在 LED 光源、荧光灯与温室自然光条件下进行黄瓜育苗的对比试验中，LED 光源条件下黄瓜苗生长的综合指标最佳。LED 处理的植株生长速率明显高于其他处理，表现为总叶面积大，叶片数多，叶片生长速度快，扎根深，植株生长整齐一致，明显优于荧光灯以及自然光处理；而温室育出的黄瓜苗出现徒长现象，叶面积小，根的生长速度较慢。

图 3-22　不同光环境下黄瓜育苗试验比较

在 LED 种苗光配方研究方面，课题组开展了 UV-A 对番茄种苗的影响研究。在 PPFD 为 220 μmol · m^{-2} · s^{-1}，红蓝光为 9:1，UV-A（波峰 369 nm）瞬时光强为 2.28 W·m^{-2} 的条件下，通过改变光周期设定不同剂量的 UV-A 处理，具体实验设置见表 3-7。

表 3-7　UV-A 实验光环境参数设置

处理	UV-A 光周期	[a]UV-A 日累积量 / （kJ·m^{-2}·d^{-1}）	光合有效辐射日累积量 / （mol·m^{-2}）
对照	—	—	12.67
UV-A4	12:00—16:00	1.58	12.67
UV-A8	10:00—18:00	3.16	12.67
UV-A16	06:00—22:00	6.32	12.67

[a] UV-A 日累积量根据 Flint & Caldwell（2003）光谱生物学权重方程计算而得。

研究发现，与对照相比，在实验设定条件下每天补充 8 h（UV-A8）和 16 h（UV-A16）的 UV-A 辐射可分别提高番茄种苗干物质达 29% 和 33%（图 3-23），且在高剂量 UV-A 处理下叶面积和株高显著高于对照（图 3-24）。此外，总干重和叶面积在 UV-A8 和 UV-A16 处理间没有显著差异（图 3-25），由此推断番茄种苗生长对 UV-A 剂量呈饱和效应，即当 UV-A 日累积量达到一定剂量后，植物不再随着 UV-A 剂量升高而加速生长。有关植物工厂环境下适量 UV-A 处理促进植物生长的机制尚不清楚，有待深入探索。

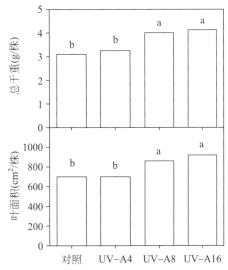

图 3-23 不同 UV-A 剂量对番茄种苗总干重和叶面积的影响。（注：图中不同小写字母表示处理间在 $p<0.05$ 水平差异显著。）

图 3-24 不同 UV-A 剂量对番茄种苗的影响试验效果图

第四章

室内环境及其调控

除光环境外，植物工厂内影响植物生长发育的重要环境要素还包括空气环境（温度、湿度、CO_2、气流等）和根际环境（营养液组成、EC、pH、DO和液温等），根际环境调控将在第五章进行详细介绍。本章重点介绍空气环境（温度、湿度、CO_2、气流等环境因子）对植物生长发育的影响及其调控措施。

4.1 温度对植物的影响及其调控措施

温度与植物生长的关系极为密切，植物的生长、发育和产量均受温度的影响。植物必须在一定的温度条件下才能进行体内生理活动（光合作用、蒸腾作用、呼吸作用、矿物质的吸收同化以及有机物的转化与运输等）及其生化反应，当温度低于或高于植物生理极限时，其发育就会受阻甚至死亡。与其他环境因子相比，温度是较容易人为调控的一个环境参数，温度调控对植物的产量与品质影响相对也较大。因此，温度环境的调控对保障植物的高效生产极为重要。

4.1.1 温度对植物生长发育的影响

植物工厂内的气温和根际温度对植物的光合作用、呼吸作用，光合产物的输送、积累，根系的生长，水分、养分的吸收以及根、茎、叶、花、果实各器官的发育生长均有着显著的影响，为了使这些生长和生理作用过程正常进行，必须为其提供适宜的温度条件。植物的生育适温，随植物种类、品种、生育阶段及生理活动的昼夜变化而不同。但每种植物都有三基点温度（three critical points of temperature）：最低温度（lowest temperature）、最高温度（highest temperature）和最适温度（optimum temperature）。当环境温度低于最低温度或高于最高温度时，植物将不能正常生长。而当环境温度处于最适温度时，植物生长最快。

另外，植物还有一个生存极限温度（survival limit temperature），当植物生存温度超过这个范围时，植物细胞结构将遭到破坏，甚至死亡。一般植物光合作用的最低温度为0~5 ℃，最适温度为20~30 ℃，最高温度为35~40 ℃，在35 ℃以上时光合作用就开始下降，40~50 ℃时完全停止。此外，根际温度的高低也会影响植物根系的生长发育和根系对水分、矿物质营养成分的吸收。根际最适温度都比空气适温低，一般情况下根际最适温度为18~22 ℃。

在适宜的温度范围内，随着气温升高，植物的光合作用强度也相应提高，增长较快时，每升高1 ℃，光合作用强度可提高约10%；每提高10 ℃，光合作用强度可提高约一倍。适温范围以外的低温或高温，光合作用强度都要显著降低。温度对光合作用和呼吸作用的影响如图4-1所示。

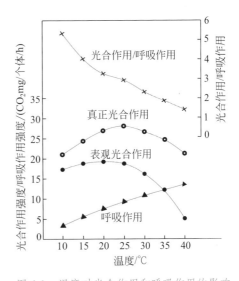

图 4-1　温度对光合作用和呼吸作用的影响

呼吸作用随空气温度的升高而增强。在较低的温度下，植物光合作用强度低，光合产物少，生长缓慢，不利于植物生长；温度过高，光合作用强度增长减缓，呼吸消耗增长大于光合积累

增长，同样不利于光合产物的积累。呼吸作用的最低温度为 –10 ℃，最适温度为 36~46 ℃，最高温度为 50 ℃。在呼吸适温范围内，温度提高 10 ℃，呼吸作用强度提高 1~1.5 倍。

植物最适温度会受到其他环境因子的影响。一般光照越强，CO_2 浓度越高，最适温度越高。光照较弱、CO_2 浓度越低时，如气温过高，光合产物较少，呼吸消耗较多，植物中光合产物不能有效积累，会使植物叶片变薄，植株瘦弱。

植物光合产物的运输和分配同样需要一定的温度条件，较高的温度有利于加快光合产物的运输。如果光合作用后期与暗期阶段温度过低，叶片内的光合产物不能输送出去，叶片中碳水化合物积累过多，不仅会影响次日的光合作用，还会使叶片变厚、变紫、加快衰老，使光合能力降低。

在生产过程中维持一定的昼夜温差，即光期温度较高、暗期温度较低，有利于植物生长。光期较高的温度有利于光合作用，而暗期较低的温度可减少呼吸消耗，还有利于光合产物的运输和分配。植物对昼夜温度的这种周期性变化需求被称为温周期现象（thermoperiodicity of growth）。在植物工厂生产中，较好地利用植物的温周期现象对提高产量具有重要意义。

4.1.2 温度调控

植物工厂内温度调控是通过一定的工程技术手段进行室内温度环境的人为调节，以维持植物生长发育过程的动态适温，并实现在空间上的均匀分布、时间上的平缓变化，以保障室内作物的高效生产。与其他环境因子相比，温度是较容易人为调控的一个参数，温度调控对植物的产量与品质影响相对也较大。

人工光植物工厂温度调控

与太阳光植物工厂不同，人工光植物工厂主要是以不透光的绝热材料为围护结构，气密性好（换气次数在 0.05 h^{-1} 以下），室内外进行交换的热量很少，而室内由于人工光源的利用、水泵等设备运行、工作人员活动，植物进行光合作用、蒸腾作用和呼吸作用等生命活动会产生大量的热量，为了使植物工厂内温度维持在适宜的目标范围，大部分时间需要进行降温，尤其是在光期。

人工光植物工厂一般采用空气源热泵进行室内温度调控，其主要优势在于：由于植物工厂大部分时间都需要进行降温管理，当热泵用于植物工厂冬季降温时，蒸发器在高温侧吸热，冷凝器在低温侧放热，此时热泵的运行效率会显著提高，一般冬季降温的性能系数会达到加温性能系数的 2.5 倍（Tong et al., 2013）。但空气源热泵调温也存在一些不足，为使植物工厂常年稳定运行，室内所导入热泵的功率一般是根据最大降温负荷的预期而定的。而在暗期，植物工厂降温负荷远小于热泵的制冷能力，故暗期热泵处于"大马拉小车"的低效率运行状态，不仅会造成热泵的频繁启停，增大压缩机的磨损程度，而且还会增加热泵的降温耗电量，造成能源的浪费，长期运行还会减少热泵使用寿命（王君等，2013）。为了避免热泵频繁启停，尽量减少热泵在低降温负荷下运行时间，提高热泵运行性能系数，可以考虑采用以下几种措施解决：

（1）利用可以变频调控的热泵，并采用 PID（proportional integral derivative）控制，而不是 ON/OFF 控制。

（2）在同时导入多台热泵进行室内环境调控时，可根据室内降温负荷来确定热泵运行台数。

（3）明暗期交错运行，即不设定明显的明暗期，使室内全天的降温负荷分配较均匀。明暗期交错运行，还可以减少导入热泵的功率，减少前期投入成本。

（4）引进室外冷源协同热泵降温，在中国北方地区，春、秋、冬三季的室外温度一般都低于植物生长所需要的最适温度，即存在室外冷源。以北京地区为例，春、秋、冬三季的最高平均室外温度都低于 25℃，即为植物工厂内栽培植物生长所需要的最适温度上限（图 4-2）。当植物工厂室外温度低于室内温度并且可以将室内温度控制在目标范围时，充分利用室外冷源，通过风机引入室外大量免费的自然冷源来降低室内温度,以低功率的风机减少高功率的热泵进行植物工厂降温的运行时间,来减少降温耗电量。

引入室外冷源降温方式的节能效果如图4-3所示。从图中可知,当室内外温差在20.2~35.7 ℃范围时,风机每小时耗电量为0.11~0.58 MJ,与风机协同降温热泵的耗电量为0.32~0.04 MJ,仅采用热泵进行植物工厂降温的耗电量为0.86~0.47 MJ。由以上数据可知,引进室外自然冷源与热泵结合的降温方式比仅利用热泵降温可实现节能15.8%~73.7%。

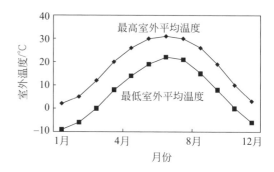

图4-2 北京地区全年最高平均温度和最低平均温度

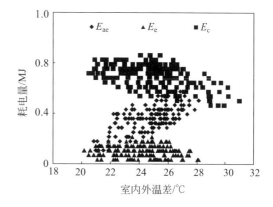

图4-3 植物工厂内外温差对降温设备耗电量的影响

E_{ae}为风机耗电量,E_e为与风机协同降温热泵的耗电量,E_c为仅采用热泵降温的耗电量

太阳光型植物工厂温度调控

太阳光型植物工厂围护结构主要以塑料薄膜、玻璃等透光保温材料为主体,与人工光植物工厂相比,密闭性较差(换气次数一般在0.5 次·h^{-1}以上),室内外经常会存在围护结构热传导和冷风渗透等热量交换。我国冬季大部分地区室外温度较低,难以维持植物生长的适宜温度,因此必须采取加温措施;而在夏季,由于太阳辐射和室外较高温度的共同作用,温室内温度较高,有时甚至会超过植物生长的最高温度(35 ℃以上),因此需要进行降温。目前,太阳光型植物工厂加温与降温调控措施及其优缺点如表4-1所示。

表4-1　植物工厂内温度主要调控措施及其优缺点

目的	方法	消耗能源	具体措施	优缺点
加温	热泵	以电力为主	空气源热泵	安装简单、投资相对少、能效高、易受运行环境影响、低温下室外机易发生结霜
			水源热泵	安装复杂、投资相对高、运行能效稳定、受环境影响较小、受水源限制、对水质有要求
	燃气锅炉	天然气等	热风	安装简单、投资相对少、能效低、一次能源消耗高、温室气体排放易污染环境
	热水锅炉	煤炭等	热水、热风	能效低、一次能源消耗高、温室气体排放易污染环境
降温	热泵	以电力为主		安装简单、投资相对少、能效高、易受运行环境影响，当室内高于室外温度时降温，运行效率很高
	通风	电力	自然通风强制通风	运行费用低、室外温度低于室内才有效、通风使植物工厂密闭性小、换气次数增大、无法进行高浓度CO_2施肥、增加发生病虫害概率
	蒸发	电力和水	湿帘风机喷雾	运行费用低、使室内湿度增大，增加病害发生概率、室外湿度低时效果较好

加温调控

　　植物工厂加温措施主要包括热泵、燃气锅炉和热水锅炉等。由表可知，热泵用于植物工厂加温具有较大优势，在日本、荷兰等植物工厂较发达的国家应用较多。而目前在中国太阳光型植物工厂应用还较少，太阳光型植物工厂加温主要还是以燃气锅炉和热水锅炉为主。

　　在较寒冷的地区，太阳光型植物工厂加温一般采用热水或热风供暖系统。供暖系统由热水锅炉、供热管道和散热器等组成。水通过锅炉加热后经供热管道进入散热器，热水通过散热器加热空气，冷却后的热水回流到锅炉中重复使用。一般采用低温热水供暖（供水、回水温度分别为 95 ℃和 70 ℃）。由于热水采暖系统的锅炉与散热器垂直高差较小（小于 3 m），因此，一般不采用重力循环的方式，仅采用机械循环的方式，即在回水总管上安装循环水泵。在系统管道和散热器的连接上采用单管式或双管式。根据室内湿度高的特点，多用热浸镀锌圆翼型散热器，散热面积大，防腐性能好。散热器一般布置在维护结构四周，散热器的规格和长度的确定要以满足供暖设计热负荷要求为原则，在室内均匀布置以期获得均匀的温度分布。

此外，为保持植物根部适宜的生长温度，冬季采用热水管道或电加热的方式对营养液进行加温，以保持营养液和植物根际环境的稳定。

不管应用哪种加温措施，都要注意节能减排。太阳光型植物工厂的节能除了采取高效加温方法、提高运行效率外，还应加强设施本身的保温性：提高外围护结构的保温性能，降低材料的热传导率；设置多层覆盖，采用多层塑料膜或保温材料进行覆盖保温；提高气密性，降低太阳光型植物工厂换气次数；采取适当的温度管理措施，如四段变温管理或贴近植物的局部加温等。

降温调控

太阳光型植物工厂降温措施一般有热泵、通风和蒸发降温等。热泵不但可以用于加温还可以用于降温，因此，热泵在太阳光型植物工厂可以一机多用，减少了其他加温和降温设备的安装。通风降温因其运行费用小、简单易操作等优势在太阳光型植物工厂应用较普遍。通风降温又分为自然通风（nature ventilation）和强制通风（forced ventilation）两种。蒸发降温（evaporation cooling）一般在室外湿度较低时效果较好，目前主要有湿帘风机（cooling pad system）降温和喷雾（foging system）降温两种方式。湿帘风机降温是在风机的强制通风与湿帘的协同作用下实现的，通风风速一般推荐为 1.27 m·s^{-1}（10 cm 厚湿帘）或 2.0 m·s^{-1}（15cm 厚湿帘）。喷雾（平均直径为 0.01 mm 的水雾）降温可与自然通风或强制通风结合，以便使室内空气的水蒸气饱和压差维持在较高的水平。蒸发降温所能达到的最低室温与室外空气的湿球温度一致，如室外的湿球温度为 25 ℃，室内适宜的室内湿度为 85%~90%，那么室内温度的目标值可以设在 28~30 ℃。

4.2 湿度对植物的影响及其调控措施

植物工厂环境下，由于植物的蒸腾作用、栽培基质和营养液的蒸发等使得空气湿度较大。这种情况尤其容易发生在冬季傍晚，太阳光型植物工厂由于空气温度的降低会使相对湿度增大，有时可达到 100%，饱和空气可在植物叶片和设施围护材料上凝结形成露水。设施内高湿环境极易引起植物病害，表 4-2 为番茄和黄瓜等果菜易发病害的环境条件，由表可见在湿度高于 80%时，番茄与黄瓜均易发生病害（林真纪夫等，2009）；但在湿度较低时，番茄与黄瓜也容易发生白粉病等病害（表 4-2）。

表 4-2　番茄和黄瓜易发病的温湿度条件

果菜	病害	相对湿度 /%	温度 /℃	果菜	病害	相对湿度 /%	温度 /℃
番茄	叶霉病	80~100	20~23	黄瓜	霉病	90~100	20~25
	灰霉病	90~100	20		白粉病	45~75	25
	白粉病	45~75	23		灰霉病	—	20
	斑菌病	—	27~30		斑菌病	90~100	25
	青枯病	—	30		茎枯病	90~100	20~24
	枯萎病	—	27~38		茎腐病	—	24~27（地温）

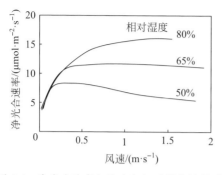

图 4-4　净光合速率与风速和相对湿度的关系

植物工厂内空气湿度还会影响到植物叶片和周围空气之间的水蒸气饱和压力差，进而影响植物蒸腾和光合作用。空气湿度较低时，叶片与环境的 VPD 较大，植物叶片蒸腾速率增加，严重时导致根部供水不足，气孔导度减小，气孔关闭，细胞内外的 CO_2 交换量减小，光合产物降低；空气湿度较高时，叶片与环境的 VPD 较小，叶片的蒸发量小，根部对营养液的吸收减少，进而影响植物光合，使产量降低（图 4-4）。一般在 60%~80% 的相对湿度下，植物能够正常生长。不同的植物对空气相对湿度的要求也不尽相同，应根据不同的植物品种及生长期对空气湿度进行调节。

4.2.1　除湿调控

人工光型植物工厂除湿调控一般采用热泵除湿，而太阳光型植物工厂除湿调控可采用热泵、加温、通风和物理化学除湿等方法。

加温除湿：在一定的室外气象条件与室内蒸腾蒸发及换气条件下，室内相对湿度与室内温度成负相关。因此，适当提高室内温度也是降低室内相对湿度的有效措施之一。加温的高低，除植物需要的温度条件外，就湿度控制而言，一般以保持叶片不结露为宜。加温除湿的方法尤其适用于冬季。

通风换气除湿：植物工厂较高的密闭性是造成高湿的主要原因之一。为了防止室内高温高湿，可采取强制通风换气的方法，将室外干燥的空气送入室内，排出室内高湿空气，以降低室内湿度。室内相对湿度的控制标准因季节、植物种类不同而异，一般控制在 50%~85% 为宜。通风换气量的大小与植物蒸发、蒸腾的大小及室内外的温度、湿度条件有关。

热泵除湿：当热泵用于降温时，其蒸发器在室内，由于蒸发盘管的温度可降到 5℃ 左右，远低于室内空气的露点温度，室内空气中的水蒸气会在热泵蒸发盘管上冷凝，从而降低空气湿度。热泵的冷凝水几乎不含离子，可进行回收再利用。

吸湿材料除湿：采用吸湿材料，如氯化锂等，吸收空气中水分以降低空气中绝对湿度，从而降低空气相对湿度。

空间电场除湿：利用电场驱动离子系统的上悬电极与植物工厂壁面或栽培基质之间建立的电场，在电场作用下，空气被电离成许多自由离子和电子，空气中的水汽被高速运动的离子和电子碰撞后获得电荷，在电场库仑力的作用下发生聚水作用，迅速将室内水蒸气除去而降低空气湿度（图 4-5）。

图 4-5　空间电场除湿

4.2.2　加湿调控

当室内相对湿度低于 40% 时，就需要加湿。在一定的风速条件下，适当增加湿度可增大气孔开度，提高植物的光合作用强度。人工光植物工厂常用超声波加湿，而在太阳光型植物工厂中一般采用喷雾加湿等方法（图 4-6）。

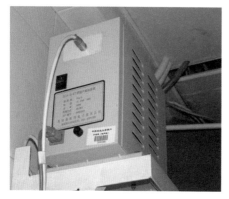 

图 4-6 植物工厂加湿（左为超声波加湿器，右为喷雾加湿）

4.3

CO_2 浓度对植物的影响及其调控措施

CO_2 是植物光合作用的碳源，对光合速率影响很大，进而影响植物的生长发育、品质和产量。用于植物光合作用的 CO_2 有 3 种来源，即叶片周围空气中的 CO_2、叶内组织呼吸作用产生的 CO_2 及植物根部吸收的 CO_2，后者仅占植物吸收 CO_2 总重的 1%~2%，绝大部分 CO_2 来自于叶边界层（leaf boundary layer）和叶内组织，并通过扩散途径由表皮或气孔进入叶肉细胞的叶绿体。在光合过程中，CO_2 因不断被叶绿体消耗，浓度不断降低，并与周

边环境形成 CO_2 浓度梯度，导致 CO_2 向叶绿体扩散（图 4-7）。

在光照充足的情况下，植物消耗的 CO_2 与呼吸所释放的 CO_2 达到平衡时的 CO_2 浓度为植物的 CO_2 补偿点。C_3 植物的 CO_2 补偿点为 30~100 $\mu mol \cdot mol^{-1}$，C_4 植物的 CO_2 补偿点为 0~10 $\mu mol \cdot mol^{-1}$。从 CO_2 补偿点至饱和点（一般为 800~1800 $\mu mol \cdot mol^{-1}$），光合速率随 CO_2 浓度的增加几乎呈线性增长（图 4-8）。当 CO_2 浓度超过饱和点或者在较高 CO_2 浓度水平持续时间过长时，就会引起气孔关闭，光合速率下降，甚至光合作用停止。一般情况下，大气中 CO_2 浓度（350 $\mu mol \cdot mol^{-1}$）远低于 CO_2 饱和点，光照充足时，较低的 CO_2 浓度往往是植物光合的限制因素，因此，增加 CO_2 浓度，将有利于光合速率的提高。

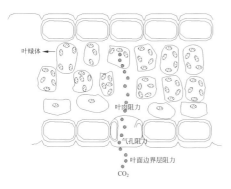

图 4-7　CO_2 扩散阻力

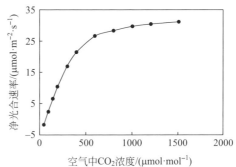

图 4-8　叶菜光合作用 CO_2 浓度响应曲线（测试环境：叶温 22 ℃，PPFD 1200 $\mu mol \cdot m^{-2} \cdot s^{-1}$）

4.3.1　CO_2 施肥方法

人工光植物工厂 CO_2 的增施方法主要采用液态 CO_2（或干冰）。而太阳光植物工厂可以采用液态 CO_2、通风换气、碳水化合物燃烧等多种方法

（Louis-Martin et al., 2011）。不当的 CO_2 施肥方法会对植株造成伤害，如出现徒长、营养缺乏、加速老化，有时甚至会造成减产。表 4-3 中对各种常用 CO_2 施肥方法的优缺点做了相关介绍（仝宇欣等，2014）。在进行施用方法选择时，应充分考虑设施栽培条件、栽培植物、环境控制条件、经济条件等因素，以取材方便、操作简单、安全可靠、无污染物影响植物生长和便于自动控制等为原则，合理选择一种或几种可以协同利用的方法，提高增施 CO_2 的利用效率和经济效益。

表 4-3　CO_2 施肥方法及其优缺点

方法	来源	优点	缺点
通风换气法	利用天窗或侧窗，通过通风换气来补充设施内 CO_2，减小室内外 CO_2 浓度差	操作简单，无成本	只能将设施内 CO_2 浓度提高到设施外浓度水平，且受到季节限制，如在冬季为避免设施内温度过低，不宜开窗通风
液体 CO_2 法	释放瓶装液体 CO_2	操作简单，可精确控制设施内 CO_2 浓度	成本较高，约 8 元 /kg
固体 CO_2 法	施入地表或浅埋土中的固体 CO_2 颗粒气肥，借助光温效应自行潮解释放 CO_2	操作简单	CO_2 释放速度不易控制，CO_2 浓度无法进行精确控制
燃烧法	利用燃烧煤、油、天然气、沼气等碳水化合物释放 CO_2	燃烧释放的热量可用于设施内加温	燃烧同时会产生一些大气污染物，如 SO_2，NO_x 等，未完全燃烧产生的 CO 会造成人身伤害，成本高
种植食用菌法	在栽培的空闲空间或在可以进行气体交换的设施中种植食用菌，利用食用菌释放 CO_2	无成本	CO_2 释放速度不易控制，设施内 CO_2 浓度无法进行精确控制

液态 CO_2

酒精酿造等工业的副产品，可以获得纯度 99% 以上的气态、液态和固态

CO_2。将气态 CO_2 压缩于钢瓶内成为液态，打开阀门即可使用，方便、安全、浓度容易调控，且原料来源丰富。

瓶装液态 CO_2 控制系统由 CO_2 钢瓶、减压阀、流量计、电磁阀、供气管道（图 4-9）及 CO_2 浓度传感器等组成。CO_2 传感器的测量范围为 0~5000 μmol·mol^{-1}，检测精度为 ±30 μmol·mol^{-1}。为方便控制，钢瓶出口装设减压阀，将 CO_2 压力降至 0.1~0.15 MPa 后释放。电磁阀的开启与植物工厂光源系统实行联动控制。CO_2 气体由钢瓶经减压恒流阀、流量计、电磁阀，通过布置管道或直接施放到靠近风机处的通风管道中，沿管长方向开设小孔将 CO_2 均匀送入栽培系统中。瓶装液态 CO_2 使用操作简便，室内 CO_2 浓度可得到精确控制，常被作为植物工厂 CO_2 气源的首选方式之一。

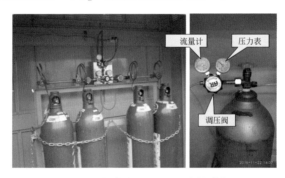

图 4-9　瓶装液态 CO_2 及控制系统

通风换气

在太阳光植物工厂中，植物进行光合作用会消耗大量的 CO_2，若室内 CO_2 得不到及时补充，CO_2 浓度会迅速下降。在不通风情况下，CO_2 浓度会降低到植物 CO_2 补偿点以下。因此，通常需要打开天窗或侧窗进行通风换气来补充室内 CO_2，减小室内外 CO_2 浓度差。此方法的优点是操作简单，无成本。其缺点是即使在通风的情况下，室内 CO_2 浓度也可能低于室外 CO_2 浓度，即使室内 CO_2 浓度能达到室外浓度水平，也远低于植物的 CO_2 饱和点，且受到

季节限制，比如在冬季为避免设施内温度过低，不宜开窗通风。

碳水化合物燃烧产生 CO_2

煤油、液化石油气、天然气、丙烷、石蜡等物质燃烧，可生成较纯净的 CO_2，通过管道送入植物工厂内。1 kg 天然气可产生 3 kg（1.52 m³）CO_2，1 kg 的煤油可产生 2.5 kg（1.27 m³）CO_2。燃烧释放的热量还可用于植物工厂加温。燃烧后气体中的 SO_2 及 CO 等有害气体不能超过对植物产生危害的浓度，因此要求燃料纯净，并采用专用的 CO_2 发生器。这种方法便于自动控制，但运行成本相对较高。在国外的温室采用较多，一般不在人工光植物工厂应用。

4.3.2 CO_2 施肥浓度

对于植物而言，并非 CO_2 浓度越高越好。过高的 CO_2 浓度还会减小植物叶片气孔导度，降低植物蒸腾，使植株表现为营养缺乏，落叶，降低 CO_2 的利用效率，造成经济损失。因此，适宜的 CO_2 浓度应根据植物工厂的密闭状况、作物种类、生长阶段和其他环境因子而定。一般蔬菜的 CO_2 饱和点都在 1000 μmol · mol^{-1} 以上，且随着光强增加而升高。实际生产中，在密闭性较好、室内光温等环境条件较为适宜的条件下，增施 CO_2 浓度，叶菜类蔬菜以 600~1000 μmol · mol^{-1} 为宜，果菜类蔬菜以 1000~1500 μmol · mol^{-1} 为宜，生长发育前期和阴天取低限，生长发育后期和晴天取高限。

4.3.3 CO_2 施肥时间

选择适宜的 CO_2 施肥时间，可以提高 CO_2 的利用效率并增加产量。适宜的 CO_2 施肥时间应根据植物生育阶段、栽培方式等的不同而有所变化。

同一种植物，在不同的生育阶段或采用不同的栽培方式，其利用 CO_2 进行光合的能力是存在差别的。多层立体栽培的叶菜类蔬菜或种苗生产，单位土地面积上的叶面积指数大，群落光合能力强，增施 CO_2 的利用效率高，CO_2 施肥可以在整个生育期进行。而在果菜类栽培中，植物苗期的叶面积指数小，利用 CO_2 进行光合的能力较弱，增施 CO_2 的利用效率低，不宜施用。而在果菜类植物进入开花结果后期，CO_2 吸收量增加，增施 CO_2 可以促进果菜生殖生长，增产效果好。因此，在开花结果期，增施 CO_2 增产效果较明显。

一天当中 CO_2 施肥的适宜时间取决于室内 CO_2 浓度和光、温等环境条件。在太阳光植物工厂内，由于夜间植物呼吸和基质有机物经微生物分解释放的 CO_2 积蓄于室内，日出前，室内 CO_2 浓度较高，一般可达 800 $\mu mol \cdot mol^{-1}$ 以上。日出后，植物开始进行光合作用并吸收大量的 CO_2，室内 CO_2 浓度迅速下降，因此，CO_2 施肥应当在日出后半个小时左右进行。为避免高温对植物伤害，一般进行通风换气，所以，在通风前半个小时应停止 CO_2 施肥，避免浪费。[14]C 同位素跟踪试验表明，上午增施的 CO_2 在果实、根中的分配比例较高，而下午增施的 CO_2 在叶内积累较多。而植物全天光合产物的 75% 在上午产生，由此可知，植物的光合作用主要在上午进行，因此 CO_2 施肥也应主要集中在上午。在光照强度较低的阴雨天，可不施或进行 CO_2 低浓度施肥。

CO_2 施肥时间的长短应因植物品种不同而异。研究发现，若对一些植物进行长期的 CO_2 施肥，会使光合产物在植物叶片中积累，使叶绿素浓度和光合反应酶的活性下降。对不同植物进行长期 CO_2 施肥试验表明，在进行 CO_2 施肥的初期，植物的净光合能力普遍增强，但几周后，植物的净光合能力则会下降到对照试验水平或更低。

4.4

气流对植物的影响
及其调控措施

4.4.1 气流对植物的影响

在人工光植物工厂中，气流由空调系统中的循环风机提供，其风速通常被控制在一个比较合理的范围内，植物风致运动及其引起的一系列机械刺激作用较少，对植物的作用主要表现在光合生理与冠层环境调控方面。

气流对植物蒸腾的影响

植物工厂中适宜的风速将气孔外水汽浓度较高的空气带走，补充一些相对湿度较低的空气，使扩散层变薄或消失，减小外部扩散阻力，增加水汽扩散梯度，加大植物与环境之间物质交换的频率，从而加快植物蒸腾速率。但是，当叶片处于较高的光照环境下，由于光源热辐射的作用，叶温会高于气温，风速的增加反而会促进气孔闭合，降低植物蒸腾速率，这一现象在叶片较大和风速较高时尤其明显。

蒸腾速率降低能够导致叶菜产生烧心（tipburn）症状（Frantz et al.，2004；Saure，1998）（图4-10）。在边界层阻力与周边

图4-10 生菜叶烧心现象

植株的遮挡下（Langre，2008；Nishikawa et al.，2013），内部风速一般会下降一半以上，常常引起内部叶片气流不足（图4-11），导致叶片表面高湿度空气滞留和温湿度上升，引起气孔的关闭和蒸腾下降。失去蒸腾拉力后根系的钙离子停止向上运输，导致新生叶片钙缺乏，诱发烧心病。在植物工厂中，有效的通风可减少因通风不畅导致的高湿现象，降低烧心病发病概率与损失，同时又能提高植株对高光强和高温的耐受性。

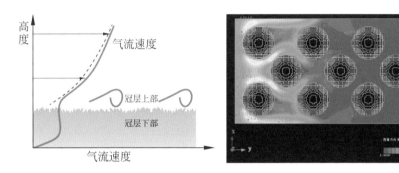

图4-11　边界层阻力和植物遮挡对气流速度和分布的影响

气流对植物光合作用的影响

在无风条件下，作物往往会因二氧化碳供应不足影响光合作用的正常进行，特别是在生长茂盛的群体内，这种情况更加突出。在气流作用下，叶片的边界层阻力减少，植物冠层附近空气得以不断更新，使植物光合作用吸收掉的二氧化碳得到及时补充，确保光合作用高效进行。已有研究表明，增加植物工厂内部气流速度能够将蒸腾速率提高2倍以上，增加光合速率高达1.7倍（Kitaya, 2005; Thongbai et al., 2010）。

气流对植物微环境及其品质的影响

为提高土地利用面积和作物产量，生产型人工光植物工厂的植株栽培密度通常较大，层间距进一步压缩，栽培架布置更加密集。此时冠层内部及下部气流受遮挡作用显著，流速远低于设定值，使得该部分热量与湿度得不到充分调节，产生积累。加之此处以老叶为主，叶片在几乎无光照、高湿环境下呼吸作用旺盛，很快凋谢死亡。这些凋亡的老叶在上部正常冠层的遮挡下通常难以及时发现并移除，最终发生叶片腐烂，影响产品品质和营养液质量。

4.4.2 气流调控

植物工厂中气流主要来源于通风调温系统中的循环风机，经通风调温系统处理过的空气，由送风口进入植物工厂内部，进行热交换后由回风口排出循环风道再返回通风调温系统，这一过程会引起室内空气的流动，形成某种气流流型和速度场，在此基础上，形成温度场、湿度场和 CO_2 浓度场。气流组织的形式对植物工厂微环境有着决定性作用，直接影响系统内部的温度、气流速度、区域温差、区域流速以及通风调温系统能耗等方面。因此，需要根据不同的植物工厂结构进行气流组织形式的布局设置，合理地安排室内空气流动，使其满足植物生产需要，节约空调系统能耗。

影响气流组织的因素很多，如植物工厂规模及各种热源的扰动，送风参数（如送风温度、送风口速度等），送风口的形式、数量和位置，排（回）风口的位置等。其中，植物工厂规模直接影响到所采用的气流组织形式。对面积较小的植物工厂来说，其内部光源的数量也较少，空调制冷负荷不大，能够很快达到设定送风参数。常规的侧送风侧回风、上送风侧回风等形式均能较好地满足内部气流均匀的需求，此时需要注意送风口的数量和位置要和栽培层架配合，尤其要注意循环风机流量及孔板送风口射流区域的风速，避免靠近送风口处的植物受到高速气流的吹动造成机械损伤。

随着人工光多层立体栽培技术的发展，植物工厂不断向垂直立体空间拓展，高层大型植物工厂越来越普遍，这就给通风均匀性提出了严峻挑战。这类植物工厂若采用传统的送风方式，为保证远离送风口处的植株也能够获得适宜的气流扰动，满足各区域植物冠层上方具有 0.3~1.0 m · s⁻¹ 的风速，就需要设计大风量的循环风机，送风口处的风速也会达到很高，而且很难形成均匀的速度场。在这种大量并排放置栽培架的植物工厂内，气流在其运动方向上会受到层层阻碍，只能优先从架子底部、顶部及走道等无植物栽培的阻力较小区域流走，造成植物栽培区通风不畅，形成死角，通风调温效率大幅降低。

为了解决这一问题，必须改变气流组织形式。将原有的整体通风调温的气流组织方式调整为以植物栽培区为核心的分布式局部通风模式，提高通风效率。可采用柔性或硬质管道将气泵或风机输出的空气输送到植物栽培区域。管道可敷设于植物冠层上方（Zhang et al., 2016），也可置于冠层下部的栽培槽上（Shibuya et al., 2006），每隔一段距离设置一个出气孔，分别进行由上至下以及由下至上的气流组织。试验表明，此种通风模式对植物冠层附近区域通风作用明显，能够有效减少植物工厂栽培架层间及不同区域的环境差异，提高其均匀性，在一定程度上改善植株栽培区内部环境。

置于蔬菜冠层上方的风管通常较粗，Goto 等（1992）采用 1 根内径 114 mm 的主管连接 6 根内径 32 mm 的支管来实现均匀送风，这可能占据栽培层有限的空间，需要适当增加间距以满足栽培操作，降低了空间利用率。

置于冠层下部的通风管通常较细，气流在管中运动时阻力较大，需要较大功率的气泵进行驱动，如果同时调控多个栽培架气流则需连接多组通风管。为了满足这些风管出气口流速及各出气口间的均匀性，需要气泵提供极高的气压，随之带来的是有限的流量与大量的能耗，不利于植物工厂的管理和成本降低，在实际生产过程中较难推广应用。

为此，笔者所在的课题组创制了一种新型立管式均匀送风系统（图 4-12）。该系统采用一端或两端安装有风扇的粗管（直径 200 mm 左右）作为风道，竖直间隔安装在多层栽培架侧边，在风管上与各层植物生长区高度对应的位置开设若干具有方向性的出气孔。工作时依靠现有通风调温系统产生的气流，将调制好的空气吸入粗管中经出气孔送至植物冠层处。该系统成本低，气流阻力小，气流均匀，适于在量产型植物工厂中推广应用。

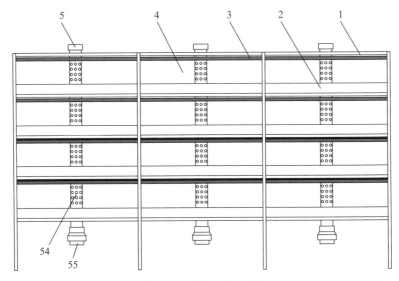

图 4-12　立管式通风系统

1—栽培架；2—栽培床；3—栽培光源；4—植物栽培区；5—通风立管
54—风孔；55—风扇

为进一步精准高效调控植物生长区微环境，李琨等（2018）研发了一种基于营养液栽培系统的空气层通风技术，将适宜温度的空气导入栽培板与营养液面中间的空气层中，并以此作为气流通道，最终将气流通过栽培板上预留的通气孔由下至上输送至蔬菜冠层下部（图 4-13）。试验表明，该通风调温模式不仅可以替代原有传统通风模式、实现空调节能 68.1%，而且还能大幅改善冠层和根际环境，在不降低蔬菜产量的情况下，可使根系重量降低41.7%，减少不可食部分的光合产物损耗。

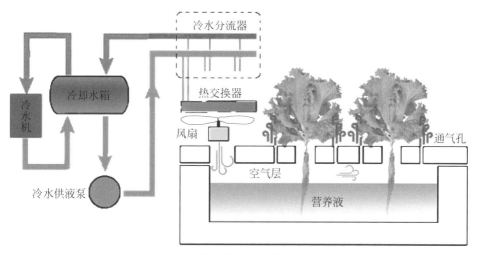

图 4-13　基于营养液栽培系统的空气层通风技术

4.5
植物工厂 CFD 模拟与应用

植物工厂气流组织极为复杂，简单的实验模拟与通风设计往往难以达到预期效果，近年来国内外开始应用 CFD 进行系统模拟与辅助设计，取得了非常好的效果。

计算流体力学（computational fluid dynamics, CFD），于 20 世纪 60 年代兴起，随着计算机的普及，发展极为迅速，现已形成一种成熟的应用方法。相对于试验研究来说，数值模拟有其独特的优势，如试验周期短，节约试验

场地，获得数据比较完整，所以在各个行业都得到了越来越多的应用。FLU-ENT 是 CFD 的一个软件包，在国内外应用广泛，是最流行的商业软件之一，可以模拟各种复杂条件下的流体流动。

植物工厂内风速与温度是影响植物生长的重要环境因子。已有的研究表明，植物工厂作物生长适宜的气流速度为 0.3~1.0 m·s^{-1}，适宜温度为 20~25 ℃。在植物工厂生产中为节省室内空间，以多层式立体栽培为主，每层栽培架均安装有人工光源，虽然近年来选用 LED 冷光源，但输入功率中仍有 80%~85% 的能量通过热传导方式散发出去。LED 灯管或灯板装置于植物栽培板正上方 30~40 cm 处，散发的热量需要及时处理，否则会造成局部高温影响植物生长。

目前植物工厂通风有空调循环式壁面通风口送风和管道送风等模式，由于栽培架、光源、管路等硬件设施和植物的影响，气流往往在植物周围形成绕流，栽培架内部的植物冠层气流速度小，影响作物的蒸腾作用和光合作用，甚至会产生病害，尤其是叶烧尖现象非常普遍。因此，优化通风模式、实现作物冠层区域的气流和温度的均匀分布，对保证植物工厂高效生产显得尤为重要。

4.5.1 计算模型的构建

气流数值计算按照流体力学的各类守恒数学公式计算，包括连续性方程、动量方程、能量方程，并按照质量、动量和能量守恒定律进行计算。在植物工厂环境模拟中多选用 Standard k-ε 模型和 Realizablek-ε 模型。

4.5.2 边界条件设置

为精确模拟植物工厂环境，需要准确设置植物工厂各组成结构的物理参数，合理定义边界条件（表 4-4）。一般在植物工厂模拟中边界条件设置有外围护结构、光源、通风口、植物等。室外环境作为操作环境，可根据实测给定。外围护结构按壁面边界条件处理，需给定围护结构的热物理参数。植物工厂的热源来源于人工光源的发热，人工光源一般为 LED 灯管/灯板或荧光灯，光源位于每一层栽培架上方，光源发光效率与半导体材料、工艺技术等有关，光源的边界条件可按内热源或温度边界处理（Zhang et al., 2017）。通风口入口处一般设置为压力入口、速度入口，出口设置为压力出口。

表 4-4　边界条件设置

参数	边界条件类型
围护结构	壁面（wall）
进风口	速度入口（velocity-inlet）；压力入口（pressure-inlet）；风扇（fan）
出风口	压力出口（pressure-outlet）
光源	温度壁面（wall）；内热源（energysource）
植物	考虑为多孔介质（porousmedia），设置蒸腾速率、渗透率和动量损失系数

目前在植物工厂 CFD 环境模拟中还未见考虑植物的报道，但在温室 CFD 模拟中，有研究者将植物（如番茄）考虑为多孔介质，设置多孔介质的蒸腾速率来模拟温室温度分布（Sase et al., 2013）。将植物考虑为多孔介质时，需要输入多孔介质的渗透率和动量损失系数，Sase 等（2013）在风洞实验室中测试了不同叶面积密度的番茄渗透率和动量损失系数的关系，如图 4-14 所示，并将测试的结果输入到多孔介质中，利用 CFD 软件模拟了相同环境条件下的气流速度，发现模拟值与实测值吻合。

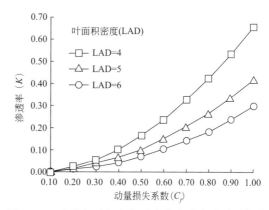

图 4-14　不同叶面积密度下番茄渗透率和动量损失系数的关系

4.5.3　壁面通风模式模拟

影响植物工厂气流组织的因素很多,如室内空气送风口的型式、数量和位置,回风口的位置,送风参数(如送风温度、送风速度等)。小型植物工厂常用的送、回风模式有侧进侧出式、侧进侧上出式、侧进上出式。图 4-15 给出了在植物工厂中利用 CFD 模拟的 3 种壁面通风模式下作物冠层的温度分布和气流速度分布云图,其中所有进风口总体积流量为 0.448 $m^3 \cdot s^{-1}$,进风口温度为 22.5 ℃,LED 灯板设置为温度边界条件,取值为 32.0 ℃,环境温度为 22.5 ℃。

侧进侧出气流循环模式(图 4-15,上)中,气流由东侧进风口流入,由西侧出风口流出。进风口附近风速最大,风速沿流动方向逐渐减弱,到出风口附近增大。植物冠层平面气流平均值为 0.67 $m \cdot s^{-1}$,进风口附近最大风速值为 1.18 $m \cdot s^{-1}$,最小风速值为 0.21 $m \cdot s^{-1}$。不适宜的风速值即小于 0.3 $m \cdot s^{-1}$ 和大于 1.0 $m \cdot s^{-1}$ 所占百分比分别为 5% 和 13%,生长最适宜风速值即 0.3~1.0 $m \cdot s^{-1}$ 之间的风速值百分比为 82%。

侧进侧上出式气流循环模式(图 4-15,中)中,与侧进侧出式循环模式相比,进风口完全相同,除侧出风口外,比侧进侧出式多出 4 个上部出风口。由气流分布云图可知,其气流分布趋势与侧进测出式大致相同。气流由东侧侧进风口流入后,多数气流由东侧侧出风口流出,只有少量气流由上部 4 个出风口流出。冠层表面风速平均值为 0.64 $m \cdot s^{-1}$,小于 0.3 $m \cdot s^{-1}$ 的气流百分比为 11%,0.3~1.0 $m \cdot s^{-1}$ 之间的气流值百分比为 76%。

侧进上出式气流循环模式(图 4-15,下)中,气流由东西两侧进风口流入,上部 4 个出风口流出。由于进风口面积较大,根据不同气流循环方式间的通风量相同原则,进风速度相应减小。气流最大值为 0.59 $m \cdot s^{-1}$,最小值为 0.14 $m \cdot s^{-1}$,平均值为 0.39 $m \cdot s^{-1}$。小于 0.3 $m \cdot s^{-1}$ 的气流值百分比为 29%,0.3~1.0 $m \cdot s^{-1}$ 之间的风速值占 71%,其中多数气流接近 0.3 $m \cdot s^{-1}$。

　　3 种通风模式下的温度分布趋势与气流分布有一定相关关系。风速值较大区域温度较小，反之温度相对较大，其温度平均值分别为 23.2 ℃、23.1 ℃、22.9 ℃。综合上述模拟结果，侧进侧出式通风模式下植物冠层适宜风速的占比最优。

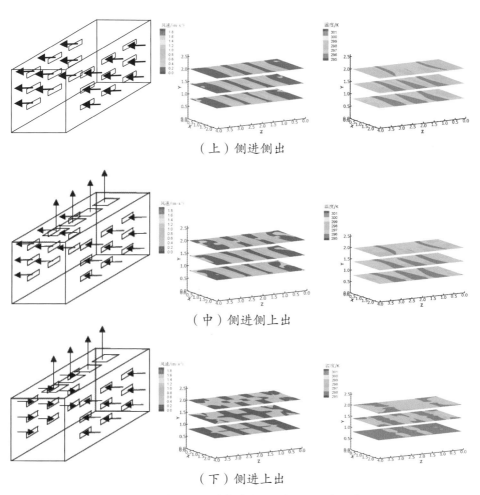

图 4-15　不同气流循环模式植物冠层气流与温度分布云图

4.5.4　管道上通风模式模拟

壁面通风模式是对整个植物工厂内部空间进行通风换气，刘焕（2018）模拟发现这种通风模式的气流多聚集在进出风口、过道和四周壁面位置，且气流流动过程中，受栽培架遮挡影响较大，导致栽培区域气流风速较小。为解决这一问题，Zhang（2016）和刘焕（2018）提出了管道通风方式。

Zhang（2016）设计了带有三排空气喷嘴的管道如图 4-16，管道布置于灯架上，气流通过喷嘴将空气垂直流向作物冠层表面。

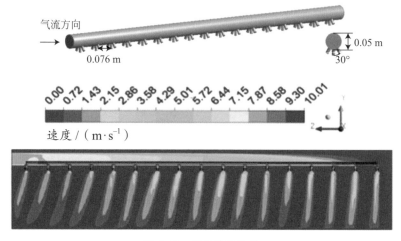

图 4-16　通风管道设计

为优化气流入口方向和风管分布，共设计了 4 组方案和 1 组对照。对照案例为无通风管道，方案 1 为单排通风管道，方案 2 为双排同向通风管道，方案 3 为双排异向通风管道，方案 4 为 4 排同向通风管道。

对照组没有设置通风管道，气流流动主要由温差造成，从模拟的植物冠层气流速度分布云图 4-17 可以看出，栽培床四周的气流速度略高于中间地带，但总体的气流速度接近于 0。

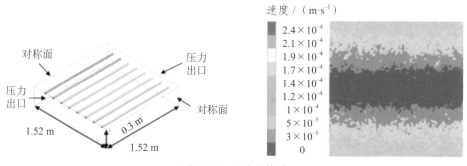

图 4-17　无通风管道

单排通风管道通风时，植物冠层气流速度分布云图如图 4-18 所示，植物冠层气流平均风速为 0.41 m·s⁻¹，最大风速值为 1.02 m·s⁻¹，位于中间区域，最小风速值为 0.01 m·s⁻¹。不适宜的风速值即小于 0.3 m·s⁻¹ 和大于 1.0 m·s⁻¹ 所占百分比分别为 32% 和 1%，生长最适宜风速值即 0.3~1.0 m·s⁻¹ 之间的风速值百分比为 67%。

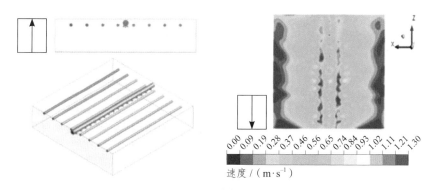

图 4-18　单排通风管道

双排同向通风管道通风时，植物冠层气流速度分布云图如图 4-19 所示，植物冠层气流平均风速为 0.42 m·s⁻¹，最大风速值为 1.27 m·s⁻¹，最小风速值为 0.02 m·s⁻¹。不适宜的风速值即小于 0.3 m·s⁻¹ 和大于 1.0 m·s⁻¹ 所占百分比分别为 26% 和 10%，生长最适宜风速值即 0.3~1.0 m·s⁻¹ 之间的风速值百分比为 64%。

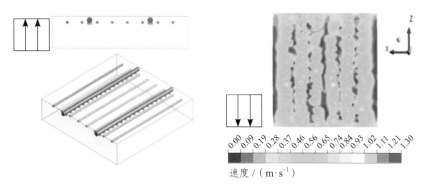

图 4-19　双排同向通风管道

双排异向通风管道通风时，植物冠层气流速度分布云图如图 4-20 所示，植物冠层气流平均风速为 0.42 m·s⁻¹，最大风速值为 1.15 m·s⁻¹，最小风速值为 0.03 m·s⁻¹。不适宜的风速值即小于 0.3 m·s⁻¹ 和大于 1.0 m·s⁻¹ 所占百分比分别为 28% 和 6%，生长最适宜风速值即 0.3~1.0 m·s⁻¹ 之间的风速值百分比为 66%。

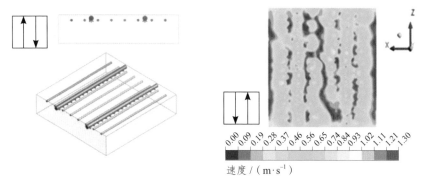

图 4-20　双排异向通风管道

四排同向通风管道通风时，植物冠层气流速度分布云图如图 4-21 所示，植物冠层气流平均风速为 0.28 m·s⁻¹，最大风速值为 0.74 m·s⁻¹，最小风速值为 0.02 m·s⁻¹。不适宜的风速值，即小于 0.3 m·s⁻¹ 和大于 1.0 m·s⁻¹ 所占百分比分别为 59% 和 0%，最适宜的风速值，即 0.3~1.0 m·s⁻¹ 之间的风速值所占百分比为 41%。

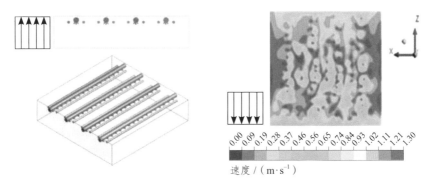

图 4-21　四排通风管道

　　从工程实现与气流速度分布综合分析来看，同向双排通风模式最优。

　　刘焕（2018）设计了两种管道送风模式，第一种模式是将总送回风口设置在墙壁，整体为外部气流循环，通风管下部风扇在压力作用下将气流送至栽培层内部。第二种模式为气流直接送入通风管道底部，气流沿通风管道流入栽培层内部。

　　第一种模式的壁面送风速度为 1.77 m · s^{-1}，通风管道底部风扇压力跃变为 100 Pa，大部分气流在通风管道的压力作用下流向管道内部，并由管道侧壁 12 个通风孔处流出，如图 4-22 所示。气流由通风管孔流至栽培层内部后在靠近墙壁端形成旋流，最后汇聚在出风口附近流出。栽培架下部、管道下部、管道通风孔附近、出风口附近风速较大，而栽培板附近、靠近地面处、最上层 LED 灯板上方为空气滞留区域，风速较小。设定每个栽培板上方 0.10 m 平面（内侧栽培区域为作物冠层平面区域）。作物冠层平面气流除通风管道侧壁孔气流流出区域及栽培板边缘区域外，其余部分均为风速小于 0.10 m · s^{-1} 的气流停滞区域。作物冠层平面区域小于 0.30 m · s^{-1} 的风速百分比为 79.76%，表明大部分区域的气流速度没有达到适宜植物生长的风速需求。适宜风速 0.30~1.0 m · s^{-1} 之间的风速百分比为 19.92%，位于栽培板上方对应通风管道通风孔气流流出轨迹区域。风速大于 1.00 m · s^{-1} 的风速百分

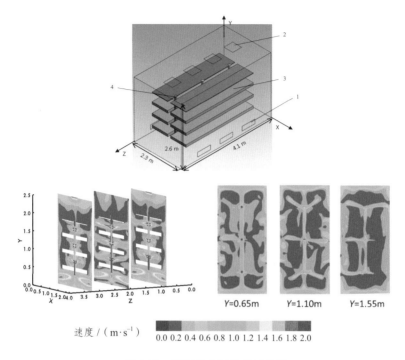

图 4-22 壁面管道通风气流云图
1—进风口；2—回风口；3—栽培架；4—通风管道

比为 0.32%，位于栽培板靠近通风孔的边缘处。

管道通风植物工厂中，气流由通风管道底部进风口直接进入通风管道，由通风管壁侧部 12 个通风孔流出至栽培层内部，由东西两侧墙回风（图 4-23）。风速较大区域聚集在管道底部及管道侧壁通风孔附近。四周墙壁附近区域为气流停滞区域，风速较小。风速小于 0.3 m·s⁻¹ 的百分比为 26.1%，大于 1.00 m·s⁻¹ 的百分比为 1.83%，适宜风速 0.3~1.0 m·s⁻¹ 的百分比为 72.1%，表明冠层平面区域大部分气流速度均满足适宜植物生长的要求。

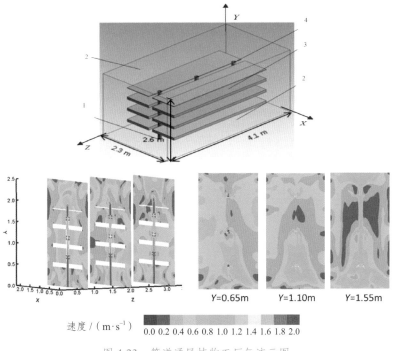

图 4-23　管道通风植物工厂气流云图
1—进风口；2—回风壁面；3—栽培架；4—通风管道

4.5.5　根际通风模式模拟

李琨等（2018）提出了悬浮空气层通风降温方法，如图 4-24 所示，将植物工厂环境空气引入水培系统营养液面与栽培板之间的空气层中，再由栽培板上预留的通气孔向上排出至植物冠层下部，实现高效的通风调温。悬浮空气层通风成本低，结构简单，在解决现有植物工厂气流与温度不均匀的同时，

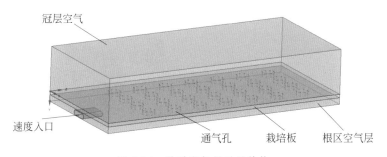

图 4-24　悬浮空气层通风结构

还可改善植物微环境，提高空调温控效率。

悬浮空气层通风中，气流从一侧管道流到根区空气层，栽培板上每株作物四周均匀设置 8 个通气孔，孔径为 5 mm，气流从通气孔流出，增加作物冠层气流速度。通过 CFD 模拟，其栽培区域气流分布云图如图 4-25 所示，当速度入口处空气流速为 6.3 m·s^{-1} 时，作物冠层距离栽培板 5 cm 区域小于 0.3 m·s^{-1} 的风速百分比为 76.7%，远低于前述文献中所述适宜植物生长的风速。但悬浮空气层通风栽培试验结果表明，此气流组织方式下植物产量与常规环控方式下对照相比未出现显著降低，风速数据差异较大的原因是前述适宜植物生长的风速测定位置为植物冠层上方，而悬浮空气层通风系统中较低的风速为植物冠层内部测得。适宜风速 0.3~1.0 m·s^{-1} 之间的风速百分比为 23.2%，位于栽培板上方对应通风孔气流流出轨迹区域。风速大于 1.0 m·s^{-1} 的风速百分比为 0，增加速度入口处的气流速度和通气孔数量可提升适宜风速所占比例。

该通风模式打破冠层边界阻力和外部叶片遮挡，实现内部空气流通，增加植物栽培区域流速场均匀性，进而改善温度场与湿度场的均匀性，提高空调系统温控效率，降低空调能耗 68.1%，在环境温度不高于 27.9 ℃情况下可以取代空调满足植物冠层温度需要（带制冷功能的根际通风技术）。在保证地上部产量不变的情况下，悬浮空气层通风能显著改善植物微环境，减少根系质量 41.7%，根长、根面积、根投影面积、根体积和根平均直径较对照降低 12.1%~48.1%。

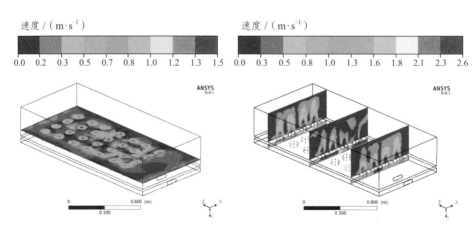

图 4-25　速度分布云图

第五章

营养液栽培及其控制

植物工厂主要采用营养液栽培模式进行植物生产。这种模式不使用土壤，而是将作物直接种植在装有一定量营养液的栽培装置中（水培），或固定在雾化的营养液中（喷雾培），或种植在固体基质加营养液灌溉的栽培床上（基质栽培）。由于营养液栽培完全不用土壤，避免了土壤栽培经常出现的土传病害和盐类累积，以及由此引起的连作障碍和各种病害，生产过程中不使用农药或少用农药，产品洁净安全无污染。营养液栽培还可实现省工、节水、节肥，免去了土壤耕作的繁重劳动，改善了农业生产的劳动条件，实现轻简型生产和省力化栽培。基于这些优点，营养液栽培已经成为当前植物工厂选用的最主要栽培模式。

5.1
营养液栽培的方法与分类

　　营养液栽培的方法很多，其分类方式也各不相同，根据有无固体基质以及培养液的供给方式不同可分为以下几种常见类型。

1. 按照有无固体基质材料的分类

　　营养液栽培的分类方式之一是根据栽培有无固体基质材料来划分，一般分为两大基本类型，即无基质栽培和固体基质栽培（图5-1）。

无基质栽培，即没有固定根系的基质，根系直接和营养液接触，主要包括以下几种：水培，如深液流水培（deep flow technique，DFT）、营养液膜栽培（nutrient film technique，NFT）、浮板毛管栽培（FCH）等；喷雾培（spray culture）。

固体基质栽培，即采用固定根系的基质材料，根系直接扎在基质上，依靠营养液灌溉施肥的栽培方式，主要有以下几种：①无机基质：包括岩棉、砂、石砾、蛭石、珍珠岩、炉渣等；②有机基质：包括锯末屑、蔗渣、草炭、稻壳、熏炭、树皮、麦秆等。

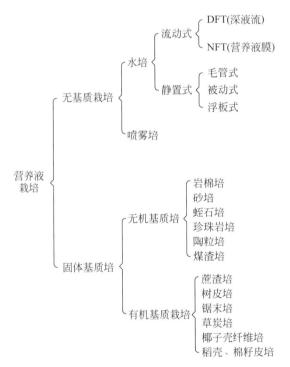

图 5-1　依据有无固体基质的营养液栽培分类

在人工光植物工厂中以无基质栽培较为普遍，其中又以 NFT、DFT 和喷雾培为典型代表；在自然光植物工厂中无基质栽培和固体基质栽培均有使用，

其中叶菜类作物常采用水培或雾培，果菜类作物则主要采用岩棉、椰糠等固体基质栽培模式。

营养液膜栽培（NFT）是将排水槽或水道倾斜，从上部流下少量培养液，使培养液呈薄膜状覆盖于水槽，并通过储液箱与水泵不断进行循环。这种栽培方法种植的作物，作物根系只有一部分浸泡在浅层营养液中，绝大部分的根系裸露在种植槽潮湿的空气里。浅层的营养液可以较好地解决根系的供氧问题，也能够保证作物对水分和养分的需求。同时，由于NFT生产设施中的种植槽主要是由塑料薄膜或其他轻质材料做成的，使设施的结构更为简单和轻便，安装和使用更为便捷，大大降低了设施的基本建设投资，更易于在生产中推广应用。

图5-2为NFT结构示意图。

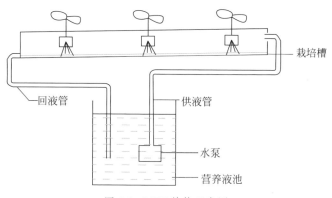

栽培槽
回液管
供液管
水泵
营养液池

图 5-2　NFT 结构示意图

深液流水培（DFT）是在比较深的培养床内注入定量的培养液，进行间歇、多次的循环，营养液在曝气的同时进行定时循环，或是栽培床之间进行循环流动，以保持足够的溶氧量。

DFT的显著优势是：①设施内的营养液总量较多，营养液的组成和浓度变化缓慢，不需要频繁地调整浓度；②床体中的热容量高，作物根圈温度变化不大，可以比较容易地进行温度调节；③营养液循环系统中有空气混入装置，很容易调节溶存氧，根部对养分的吸收率高；④可以在营养液循环过程中，对营养液浓度、养分、pH 值等进行综合调控，保持营养液的稳定性；⑤营养液仅在内部循环，不会流到系统外，因此不会或很少对周围水体和土壤造成污染；⑥适生作物的种类较多，除各类叶菜类蔬菜、功能性植物外，一些果菜类作物也可种植。但由于需要的营养液量大，贮液池的容积也要加大，成本相应增加；营养液经常处于循环状态，水泵运行时间长，动力消耗大；营养液循环在一个相对封闭的环境之中，一旦发生病原菌危害就有可能迅速传播甚至蔓延到整个种植系统。

图 5-3 为 DFT 叶菜水耕栽培示意图。

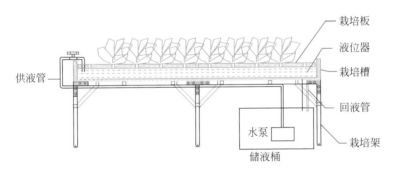

图 5-3　DFT 叶菜水耕栽培示意图

喷雾培（spray culture）是利用喷雾装置将营养液雾化后直接喷射到植物根系以提供其生长所需的水分和养分的一种营养液栽培技术，由于根部一直处于空气中，根部的养分吸收充分且易于控制，也不存在缺氧的问题（图 5-4）。但这种方法和 NFT 一样无法应对停电或水泵发生故障等突发情况，需要进行更精细的管理。

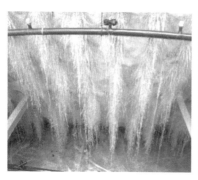

图 5-4　叶菜喷雾栽培应用效果

为此，近年来发展起来一种将喷雾培与 DFT 相结合的栽培模式，即将植物的一部分根系浸没于营养液中，另一部分根系暴露在雾化的营养液环境之中，所以又叫半喷雾培（semi-spray culture）。喷雾培技术较好地解决了营养液栽培技术中根系的水气矛盾，特别适宜于叶菜类作物的生产。

2. 按照营养液的供给方式进行分类

根据培养液的供给方式不同，可分为循环利用营养液的封闭系统和按一定比例向外排出废液的非封闭系统两种形式（图 5-5）。

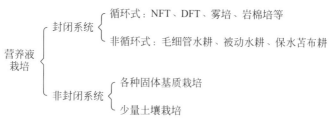

图 5-5　依据营养液的供液方式进行的分类

封闭系统又可分为循环式和非循环式，NFT 和 DFT 都是典型的循环利用营养液的系统，营养液在经过循环利用后回到营养液池（罐）中，经间歇停留或不停留继续循环使用。对于一些固体基质培，如岩棉培，通常是将培养液回收、过滤、消毒、补充营养后，再次循环利用；非循环式栽培除了毛细管水耕、被动水耕之外，还有将岩棉等固型栽培基质放在吸水苫布上，通过吸水苫布吸附大量培养液，从底部给液的保水苫布耕。

非封闭系统中的非循环式栽培就是为了确保根部的养分平衡，将固体栽培基质内的培养液依照一定比例向系统外排放，但出于对环境保护的考虑，这种方式应逐步向封闭循环型转变。

5.2

营养液的管理

营养液是营养液栽培条件下植物生长的物质基础，有人称之为营养液栽培的核心。营养液的组成、浓度直接影响作物生长发育的速率，关系到作物的产量、品质和经济效益。因此，营养液管理是营养液栽培的重中之重。针对具体的栽培作物，选择适宜的营养液配方、合理的养分浓度水平与配比，给予最优的酸碱度，并对栽培过程中营养液的组分、性质进行检测和调控，是植物工厂生产的关键，也是保证作物产量和品质的重要措施。下面就相关内容分别进行介绍。

5.2.1　营养液的组成

营养液是由含各种矿质元素的化合物溶于水配制而成。其组成成分通常包括水和含矿质元素的化合物，有时也含有一些辅助物质。高等植物正常的生长必须有 16 种元素的合理供给，除碳、氢和氧可从空气和水中获得外，其余 13 种元素必须通过人为补充来供给。其中包括大量元素氮、磷和钾，中量元素钙、镁和硫，以及微量元素铁、锰、铜、锌、钼、硼和氯等。

组成原则

由于不同作物或同一种作物的不同品种的需肥情况不同，同一种作物在不同生育期的需肥规律也不一致。因此，以作物需肥规律为中心设计营养液的组成是确立营养液配方的首要原则。另外，需选择合适的化合物种类，以保证营养液中离子的生物有效性、溶液 pH 的稳定性。最后，从成本上讲，除微量元素以外，其他元素可以采用组成较为纯净的肥料，但必须不含有有害物质（有害元素等）。

营养液的浓度要求

营养液的总盐分含量应控制在一定的水平，对大多数作物而言，一般需将营养液的总盐分浓度控制在 4‰ ~5‰。当然，具体的作物应根据其需肥的多少具体分析。电导度（electrical conductance, EC）是指示溶液中离子浓度的重要指标，单位为 $mS \cdot cm^{-1}$，可用来检测营养液的盐类数量变化情况。现今，绝大多数的营养液栽培均采用 EC 作为营养液总盐分管理的指标。一般认为，在营养液栽培系统中，营养液电导度应控制在 1.5~2.5 $mS \cdot cm^{-1}$。植物苗期生产或部分叶菜生产过程中，或者在温度设置较高的栽培环境中，营养液电导度可小于 1.5 $mS \cdot cm^{-1}$。

更换营养液是保证按原设计浓度向作物供给养分的最佳方法，但此方法的成本较高。现在，通常的做法是补加营养成分，可以是母液，也可以是固体物质。这种方法可延长一次注入营养液的使用时间，也可节省人力，但其缺陷也是明显的。首先，由于栽培实践中很少对营养液中元素的具体含量进行实时检测，很难准确把握亏缺元素的种类和数量。另外，作物在不同的生育期的养分需求规律不同，从而增加了向营养液中准确补加养分的难度，很容易造成养分的缺乏和过量，难以满足作物正常的养分需要，导致作物生长不良。这种伤害若发生在作物的营养最大效率期和养分的临界期时，损失尤为严重。

因此，若能对营养液中的主要营养元素进行在线检测，使养分补充有的放矢，定量供给，实现营养液的精准管理将是未来植物工厂和营养液栽培技术发展的重要方向。当前，随着相关传感器的研制，营养液元素的在线检测技术已有一定的进步。

营养液氮素的选择

氮是作物需求量最大的元素，其有效供给形态有无机态氮和有机态氮两种形式。目前，在营养液栽培中主要以无机态氮为主。无机态氮包括铵态氮和硝态氮。就有效性而言，两种氮形态都是非常有效的氮源，但由于两者在植物体内同化机制不同，对营养液酸碱度的影响也不同。如硫酸铵和氯化铵均为生理酸性盐，铵离子被吸收同化的同时作物的根系释放出等量的 H^+，导致根际酸化，甚至使溶液的 pH 下降。H^+ 释放数量与铵离子的吸收量大致呈 1∶1 的关系。硝酸钠、硝酸钾和硝酸钙为生理碱性盐，硝态氮在体内同化时作物根系向根际释放氢氧根离子，可使 pH 值上升。另外，选用何种氮素还要考虑植物的种类。一般来说，适应于酸性根际环境生长的嫌钙植物嗜好铵态氮。相反，喜钙的植物（偏爱在高 pH 根际环境生长的植物）则优先利用硝态氮。对一般作物而言，同时使用两种氮肥形态往往能获得较高的生长速率与产量。

营养液的 pH

pH 表示的是水（溶液）中的酸碱度，是指溶液中氢离子（H^+）或氢氧根离子（OH^-）浓度（以 $mol \cdot L^{-1}$ 表示）的多少。营养液的 pH 值维持在 5.5~6.5 之间有利于多数植物的生长，因此营养液的工作溶液一般要进行 pH 调节。此外，在实际栽培中由于植物对养分的不断吸收，尤其是对氮素的吸收常导致溶液的 pH 波动，将影响植物根系的代谢活性以及某些营养元素的离子浓度。另外，由于营养液栽培作物的种植密度大、生长旺盛，根系生理代谢活跃，植物不断向营养液中释放大量的有机分泌物，也会影响溶液 pH 及其缓冲能力，甚至影响养分的生物有效性。因此，有必要对营养液 pH 进行实时监测，及时进行酸碱度的调节。

5.2.2　营养液的配制

配制原则

为了保证营养液内各元素对植物的有效性，在进行营养液配制过程中应遵循一定的原则。

任何全营养液配方中都含钙、镁、锰和铁等阳离子，以及硫酸根和磷酸根等阴离子，这些离子彼此结合有可能产生沉淀。在特定的温度和 pH 条件下，当其中的某些阴阳离子间的离子浓度累积超过其组成化合物的浓度时，就会产生沉淀，降低溶液中的离子浓度。因此，在化合物的选择、浓度设置上应考虑是否会产生沉淀这一因素。另外，在配制过程中，先将营养物质分类配制成母液是防止沉淀的有效方法。

水质的好坏也是影响营养液质量的重要因素。应在尽量降低成本的条件下，选用较高质量的水源。水质的衡量主要通过其硬度、pH 和氯化钠含量等指标来反映。一般要求水的硬度不超过 10° 为宜，pH 值应在 5.5~7.5 之间，氯化钠的含量应小于 2mmol · L^{-1}。在这些指标中，水的硬度大小是最重要的一项指标，直接影响到营养液质量。当水的硬度过高，即钙和镁离子的总浓度本底值很大时，很难配制出高质量的营养液。

配制技术

在实际生产中，营养液的配制方法有两种：母液稀释法和直接配制法。前者操作过程为：首先按照一定的原则进行化合物分类，分别配制成相应浓度的浓缩母液，需要时按照稀释倍数再配制成工作溶液用于栽培实践；后者是直接按需要称取各营养元素的化合物配制成工作溶液。无论何种方法，均应在一定程度上保证营养液的质量。

比较而言，母液稀释法具有一定的优越性。具体表现为：方法简便，易操作，工作量小。通过一次配制浓缩几百倍（大量元素）至几千倍（微量元素）的母液，可满足一定栽培规模作物较长时间的营养需要；易于保存，可很好地保持溶液中离子的生物有效性。可以通过对母液 pH 进行调节的办法，减缓甚至可防止营养元素的无效化过程，尤其是对铁元素最为有效。直接配制法体现了即配即用的原则，但也存在一些不足。在配制过程中很容易因一次加入的营养元素化合物过多，搅拌不及时，生成沉淀或溶解不彻底。实践中母液稀释法已被广泛应用，下面就对该方法的操作步骤进行介绍。

首先，应根据营养液配方和栽培规模计算各元素化合物的需要量，并确定母液的稀释倍数。然后，称取化合物，准备水源。母液的配制具有一定的原则，即按照不易产生沉淀的化合物混配的原则进行。一般而言，现在一般把全营养液的组分分成 3 个类群进行母液的配制，即 A 液：以钙盐为中心，凡不与钙盐形成沉淀的化合物均可放在一起溶解配制；B 液：以磷酸盐为中心，凡不与其产生沉淀的化合物可放在一起；C 液：将微量元素放在一起配制。母液配制完成以后，为了保证营养液的质量，可加入浓度为 1 mol · L^{-1} 的硫酸或硝酸，营养液母液 pH 值调至 3~4。另外，C 液最好存放在棕色的容器中。

在栽培需要时，将母液按稀释倍数稀释成工作溶液。

直接配制成工作溶液的步骤如下：首先，在盛放工作溶液的容器或种植系统中放入需要配制体积的 60%~70% 的清水，量取所需 A 液的用量倒入，开启水泵循环流动或搅拌使其均匀；然后，再量取所需 B 液的用量，用较大量的清水将 B 液稀释后，慢慢地将其倒入容器或种植系统中的清水入口处，让水泵将其循环或搅拌均匀；最后，量取 C 液，按照 B 液加入的方法加入容器或种植系统中，即完成了工作溶液的配制。

随着水肥一体化、营养液管控技术与装备的发展，目前营养液智能化调配技术也日新月异，越来越多的营养液自动调配装备应用到植物工厂科研与生产实践中（图 5-6）。

图 5-6　多管路营养液配制系统

常用营养液配方选例

常用营养液配方见表 5-1，通用微量元素配方见表 5-2。

表 5-1　常用营养液配方

营养液配方名称及适用对象	营养物质用量 每升水中含有化合物的毫克数/(mg·L⁻¹)									每升含有元素毫摩尔数/(mmol·L⁻¹)							备注
	四水硝酸钙	硝酸钾	硝酸铵	磷酸二氢钾	磷酸氢二铵	硫酸钾	七水硫酸镁	二水硫酸钙	总盐含量/(mg·L⁻¹)	NH_4^+-N	NO_3^--N	P	K	Ca	Mg	S	
Hoagland 和 Arnon（1938）	945	607	—	115	—	—	493	—	2160	1.0	14.0	1.0	6.0	4.0	2.0	2.0	通用配方，1/2 剂量为宜
Arnon 和 Hoagland（1952）	708	1011	—	230	—	—	493	—	2442	2.0	16.0	2.0	10.0	3.0	2.0	2.0	番茄配方，可通用，1/2 剂量为宜
荷兰花卉研究所，岩棉培滴灌配方	660	378	64	204	—	—	148	—	1394	0.8	8.94	1.5	5.24	2.2	0.6	0.6	以非洲菊为主，可通用
日本园试配方（堀，1966）	945	809	—	—	153	—	493	—	2400	1.33	16.0	1.33	8.0	4.0	2.0	2.0	适用配方，1/2 剂量为宜
山崎甜瓜配方（1978）	826	607	—	—	153	—	370	—	1956	1.33	13.0	1.33	6.0	3.5	1.5	1.5	山崎的这些配方是按照吸水吸肥同步的规律 n/w 值确定的配方
山崎黄瓜配方（1978）	826	607	—	—	115	—	483	—	2041	1.0	13.0	1.0	6.0	3.5	2.0	2.0	的配方，性质较为稳定
华南农业大学番茄配方（1990）	590	404	—	136	—	—	246	—	1376	—	9.0	1.0	5.0	2.5	1.0	1.0	可通用，pH 值为 6.2~7.8

续表

营养液配方名称及适用对象	每升水中含有化合物的毫克数/(mg·L⁻¹)										每升含有元素毫摩尔数/(mmol·L⁻¹)							备注
营养物质用量	四水硝酸钙	硝酸钾	硝酸铵	磷酸二氢钾	磷酸氢二铵	硫酸铵	硫酸钾	七水硫酸镁	二水硫酸钙	总盐含量/(mg·L⁻¹)	N		P	K	Ca	Mg	S	
											NH_4^+-N	NO_3^--N						
华南农业大学叶菜B配方(1990)	472	202	80	100	—	—	—	174	246	1274	1.0	7.0	0.74	4.74	2.0	1.0	2.0	可通用，特别是适合含易缺铁作物，pH值为6.1~6.3
山东农业大学西瓜配方(1978)	1000	300	—	250	—	—	120	250	—	1920	—	11.5	1.84	6.19	4.24	1.02	1.71	
山东农业大学番茄、辣椒配方(1978)	910	238	—	185	—	—	—	500	—	1833	—	10.1	1.75	4.11	3.85	2.03	2.03	

（刘士哲，《现代实用无土栽培技术》）

表 5-2　通用微量元素配方

化学物名称 / 分子式	每升水中含有的化合物毫克数 / (mg·L^{-1})	每升水含有元素毫克数 / (mg·L^{-1})
乙二胺四乙酸二钠铁 [EDTA-2NaFe（含 Fe14.0%）*]	20~40	2.8~5.6**
硼酸 /H_3BO_3	2.86	0.5
硫酸锰 /$MnSO_4·4H_2O$	2.13	0.5
硫酸锌 /$ZnSO_4·7H_2O$	0.22	0.05
硫酸铜 /$CuSO_4·5H_2O$	0.08	0.02
钼酸铵 /（NH_4）$_6Mo_7O_{24}·4H_2O$	0.02	0.01

* 如无 EDTA-2NaFe，可用 EDTA-2Na 和 $FeSO_4·7H_2O$ 络合代替。
** 易缺铁的作物如十字花科的芥菜、菜心、小白菜，旋花科的蕹菜等作物可用较高用量。

5.2.3　营养液的调节与控制

营养液调节与控制是植物工厂栽培体系中的关键技术。作物的根系大部分生长在营养液中，吸收其中的水分、养分和氧气，从而使其浓度、成分、pH、溶解氧等都在不断变化。同时，根系分泌的有机物、少量衰老脱落的残根以及各种微生物等都会影响营养液的质量。此外，外界的温度也时刻影响着液温。因此，必须对上述诸因素的影响进行实时监测和调控，使其经常处于符合作物生育需要的状态。营养液调节与控制的重点涉及 EC、pH、溶解氧、液温等 4 个要素（表 5-3）。

pH 调节与控制

随着作物对水分和养分的不断吸收，营养液中的 pH 也会随时发生变化。因此，pH 调节与控制对于保证作物正常生长十分重要，调节与控制不当将会造成根系发育不良甚至腐烂，植株长势弱化，出现某些元素缺乏症等生理障碍，进而导致产量和品质下降。

表 5-3　营养液调节与控制重点

项目	管理要点
pH	pH 值通常要保持在 5.5~6.5 范围内，该范围内养分的有效性最高，适用于多种作物； pH 的调整通过营养液配方来选定，每一次调整变化的幅度不要超过 0.5
EC	要用 EC 计来测定或自动在线检测与控制； 定期分析、化验原水和营养液，检测肥料中各种成分状况； $1.5~2.0\ mS \cdot cm^{-1}$：这一指标表明根系发育与养分吸收状况良好，适宜于育苗时和定植后生长初期以及水分蒸发量多的高温期； $2.0~2.5\ mS \cdot cm^{-1}$：这是一般性的使用浓度，不同的作物之间会有细微的差异； $2.5~4.5\ mS \cdot cm^{-1}$：这个指标适宜于控制品质生育和水分等特殊的目的
营养液温度	不同的作物由于对养分、水分的吸收状况不尽相同，对营养液温度的要求也有细微差异，一般情况下，适宜的液温应保持在 18~22 ℃； 液温低时（12℃以下）养分溶解度降低，根系生理活性减弱，容易出现磷、镁、钙缺乏症； 液温高时（25℃以上）容易出现根腐病，导致长势和品质下降
溶解氧	营养液中的溶解氧应保持 $4~5\ mg \cdot L^{-1}$ 以上，避免缺氧烂根
营养液供给	供液调节与控制必须与水分蒸发量、液温、EC、pH、溶解氧含量以及栽培系统等因素协调起来，特别是根圈营养液浓度、pH 与供液管理水平状况之间关系很大

营养液的 pH 因盐类的生理反应不同而发生变化，其变化方向视营养液配方而定。用 $Ca(NO_3)_2$、KNO_3 为氮钾源的多呈生理碱性，若用 $(NH_4)_2SO_4$、NH_4NO_3、$CO(NH_2)_2$、K_2SO_4 为氮钾肥肥源的多呈生理酸性。最好选用比较平衡的配方，使 pH 变化比较平衡，可以省去调整。

pH 上升时，用 H_2SO_4、H_3PO_4 或 HNO_3 去中和。用 H_2SO_4，其 SO_4^{2-} 虽属营养成分，但植物吸收较少，常会造成盐分的累积；NO_3^- 植物吸收较多，盐分累积的程度较轻，但要注意植物吸收过多的氮也会造成体内营养失调。应根据实际情况来考虑用何种酸为好。中和的用酸量一般不用 pH 值的理论计算来确定。由于营养液中高价弱酸与强碱形成的盐类，如 K_2HPO_4、

Ca(NO₃)₂ 等，其离解是分步的，有缓冲作用。因此，必须用实际滴定的办法来确定用酸量。具体做法是，取出定量体积的营养液，用已知浓度的稀酸逐滴加入，达到要求值后计算出其用酸量，然后推算出整个栽培系统的总用酸量。应加入的酸要先用水稀释，以浓度为 1~2 mol·L⁻¹ 为宜，然后慢慢注入贮液池中，边注入边搅拌。注意不要造成局部过浓，以免产生 CaSO₄ 沉淀。

pH 下降时，用 NaOH 或 KOH 中和。Na⁺ 不是营养成分，会造成总盐浓度的升高。K⁺ 是营养成分，盐分累积程度较轻，但其价格较贵，且吸收过多会引起营养失调。应灵活选用这两种碱。具体实施过程中可仿照以酸中和碱性的做法。这里要注意的是营养液过碱会造成 Mg(OH)₂、Ca(OH)₂ 等沉淀。

EC 调节与控制

通常配制营养液用的水溶性无机盐是强电解质，其水溶液具有很强的导电性。电导率（EC）表示溶液导电能力的强弱，在一定范围内，溶液的含盐量与电导率呈正相关，含盐量越高，电导率越大，渗透压也越大。EC 的常用单位为 mS·cm⁻¹。

营养液浓度直接影响到作物的产量和品质。由于作物种类和种植方式的不同，作物吸收特性也不完全一样。因此，其浓度也应随之调整。一般来讲，作物生长初期对营养液浓度的要求较低，随着作物的不断发育对浓度的要求也逐渐变高。同时，气温对浓度的影响也较大，在高温干燥时期要进行低浓度控制，而在低温高湿时期浓度控制则要略高些。此外，在固体基质栽培条件下，要实行较高浓度控制。

EC 与营养液成分浓度之间几乎呈直线关系，即营养液成分浓度越高，EC 值就随之增高。因此，用测定营养液的电导率 EC 值来表示其总盐分浓度的高低是相当可靠的。虽然说 EC 只反映总盐分的浓度而并不能反映混合盐分中各种盐类的单独浓度，但这已经满足营养液栽培中控制营养液的需要了。不过，在实际运行中，还是要充分考虑到当作物生长时间或营养液使用时间较长时，由于根系分泌物、溶液中分解物以及硬水条件下钙、镁、硫等元素的累积，也可以提高营养液的电导率，但此时的 EC 值已不能准确反映营养液中的有效盐分含量了。为了解决这个问题，高精度控制通常是在每隔半个月或一个月左右需要对营养液精确测定一次，主要测定大量元素的含量。根据测定结果决定是否调整营养液成分直至全部更换。

液温调节与控制

根际温度与气温对作物生长的影响具有一定的互动性，水培管理中可以通过对营养液液温的调控来促进作物的生长。无论是 DFT 还是 NFT 栽培模式，稳定的液温都是十分重要的。它可在一定程度上减轻气温过低或过高对植物生长的影响。一般来说，适宜的液温为 18~22 ℃，如果高温超过 30℃ 或低温在 13℃ 以下时，作物对养分和水分的吸收就会与正常值发生很大变化，进而对作物的生长、产量、品质都会造成严重影响。因此，要综合考虑作物的种类、栽培时期、室内温度和光照参数等因素来确定和调整适宜的营养液温度。

在具体调控过程中，液温的调控还必须根据季节和营养液深度的不同采取不同的方法。NFT 设施的材料保温性较差，种植槽中的营养液总量较少，营养液浓度及温度的稳定性差，变化较快。尤其是在冬季种植槽的入口处与出口处液温易出现较为明显差异。在一个标准长度的栽培床内的液温差有时高达 4~5℃，这样即使在入口处经过加温后，营养液温度达到了适宜作物生长的要求，但是，当营养液流到种植槽的出口处时，液温也会有所降低，而且液温的降低与供液量呈负相关关系，即供液量小的液温降低幅度较大。相比之下，DFT 方式在这方面的反应则不那么明显。人工光利用型植物工厂是在全天候环境控制的密闭空间内进行的，液温控制效果好，而太阳光利用型植物工厂就必须因地制宜地采取相应的液温调控措施。

供液调节与控制

尽管供液方式与调控方式随营养液栽培模式的不同而各有差异，但都必须以满足作物对水分、养分、溶解氧的需求为前提。各种栽培模式都必须与其相应的供液调控系统相匹配，促进根部生长，提高地上部的生产效率。这里仅就 DFT 和 NFT 两种水耕栽培模式的供液调控方法做简要介绍。

DFT 水耕栽培供液管理

DFT 是一种对溶解氧依赖型的栽培模式。要对营养液不断地增加氧的含量，通过在栽培床里和营养液罐里装有空气混入器，或者是在供液口安装有空气混入装置，使营养液中的溶解氧处于饱和状态。通常情况下，采取间歇性供液，即水泵开启 10~20 min，然后停止 30~50 min，也可以采取连续供液方式，以最大限度地满足作物根际对氧的需求。

在 DFT 栽培模式中，根际温度与营养液温度保持一致。要根据根际温度管理的需要来确定供液时间和停止时间。

NFT 水耕栽培供液管理

这种方式通常是在宽 30~60 cm，长 2~20 m 的栽培床上，营养液流量为 4~6 L·min^{-1}，在根量较少、根垫未形成之前，采取连续供液，待根部发育起来之后再间歇供液。间歇供液采取 10~20 min 供液，30~50 min 停止。但如果间歇时间过短，供液时间过长，补氧作用就差；反之间歇时间过长，供液时间过短则流入的营养液就少，影响植株对水肥的吸收。要根据栽培床的坡度和温湿度进行调控，以避免作物缺水凋萎。

供液调节与控制中还有一个重要的环节就是营养液流动。在使用 NFT 和 DFT 水耕栽培方式时，营养液必须处于流动状态才能促进植物生长。通过流动，不仅可以溶解营养液表层的氧，而且还可以使根际溶存氧、肥料成分的浓度比例均衡，促进其吸收；流动还有利于养分吸收，尤其是在养分浓度低的时候效果更为显著。流动速度的试验表明，生菜栽培的流速以 $1.5 \sim 3 \text{ cm} \cdot \text{s}^{-1}$ 为宜，其他作物的流速会有所差异，但变化不大。

5.3 营养液循环与控制技术

5.3.1 必要性分析

长期以来，植物工厂一直沿用开放式营养液栽培系统，即营养液在使用一段时间后形成的废液不经任何处理，直接排放到周边的土壤或水体环境，造成对周边环境的污染。近年来，随着环保意识的增强，以及营养液在线检测技术的快速发展，国际上正逐渐使用封闭式营养液栽培系统取代开放式系统。封闭式营养液栽培系统是指通过一定的工程技术手段将灌溉排出的渗出液进行收集，再经过过滤、消毒、检测、调配后反复利用的营养液栽培方式。通过营养液的循环利用，避免了因废弃营养液排放造成的环境污染，具有环境友好，水分和养分利用率高等优点，目前正被世界各国广泛采用。

对于人工光植物工厂来说，采用封闭式无土栽培及其循环控制技术显得更为重要，不仅可以大大节约系统的水和养分资源，而且还可避免营养液向外界直接排放、污染环境。封闭式无土栽培系统主要由栽培装置、营养液回收与消毒系统、营养液成分检测与调配系统等部分构成（图 5-7）。

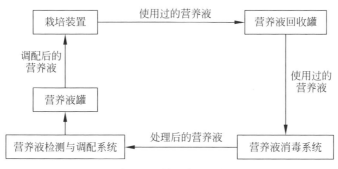

图 5-7　植物工厂封闭式无土栽培系统

封闭式无土栽培系统具有环保、易调节与控制等优势，但同时也对营养液消毒、检测与调配等系统提出了更高的要求。在连续栽培条件下，营养液中营养元素浓度及营养元素间比例因植物选择性吸收而逐渐偏离配方值，并随栽培时间的延长而加剧，造成部分元素的大量盈余或亏缺。不仅如此，这种栽培模式下的病害及其传播问题也日益引起人们的关注，尤其是水耕栽培更为突出。封闭循环栽培过程中出现的一些游动孢子（zoospore-producing）、微生物腐霉属（Pythium）和疫病属（Phytophthora spp.）等病原微生物特别适应于水体环境，并可能因营养液的不断循环而加速传播。

另外，无土栽培中由于根系分泌和有机栽培基质的分解产生植物毒性物质（phytotoxic substances），营养液中的总有机碳含量（total organic carbon, TOC）提高，也助长了病害的发生。因此，营养液在循环使用中必须进行彻底的灭菌消毒，否则一旦栽培系统中有一株感染根传病害，病原菌将会在整个栽培系统内传播，从而造成毁灭性的损失。

更为重要的是，在多茬栽培后营养液中将大量累积植物毒性物质并抑制栽培作物的生长。植物的毒性物质主要以酚类和脂肪酸类化合物为主，如苯

甲酸、对羟基苯甲酸、肉桂酸、阿魏酸、水杨酸、没食子酸、单宁酸、乙酸、软脂酸、硬脂酸等，现已证实，大多数叶菜（生菜等）和果菜（豌豆、黄瓜、草莓等）均可分泌释放自毒物质，造成蔬菜产量下降。Lee 等（2006）发现，生菜栽培二次利用的营养液中会累积大量的有机酸，对其生长产生危害。因此，在封闭式营养液栽培系统中，营养液自毒物质和微生物的去除是极为必要的，可有效避免自毒和化感作用以及病害的发生，提升封闭式营养液栽培系统的可持续生产能力。

目前，植物工厂封闭式栽培系统营养液循环与控制着重需要解决 3 个关键问题：营养液中营养元素的调配技术与装备；营养液中微生物的去除以及营养液中的有机物质，特别是植物毒性物质的去除。

5.3.2　养分及理化性状调控

对封闭式无土栽培系统而言，在营养液被植物吸收利用后其养分组成会发生明显变化，系统中营养元素的数量及比例已不再适宜于所栽培植物的需求，必须进行养分的补充和调配。一般是通过检测 EC 和 pH 等相关参数，根据植物的需要进行调控。近年来，随着营养元素专用传感器技术的发展，在线检测技术取得了快速进展，部分营养元素已经可以实现在线检测与实时调配，预计在不久的将来，植物工厂有望实现对各种单一营养元素的在线检测与智能化调配。

5.3.3　微生物去除技术

营养液微生物的去除技术是封闭式无土栽培系统的核心，目前，国内外营养液微生物去除方法主要有高温加热、紫外线照射、臭氧、慢砂滤等消毒方法，但多数物理方法，如紫外线照射、高温和臭氧处理等不仅杀死了有害微生物，也杀死了有益微生物，因此应针对不同需要加以选用。

臭氧杀菌法

臭氧是一种非常强的氧化剂，几乎可以与所有活体组织发生氧化反应。如果有足够的曝气时间和浓度，臭氧可以杀灭水中的所有有机体。因此，国内外在利用臭氧对营养液消毒方面，进行了很多研究，但臭氧消毒也存在速度慢、效果不稳定等缺点。

紫外线杀菌

紫外线杀菌是通过紫外线对微生物进行照射，以破坏其机体内蛋白质和DNA 的结构，使其立即死亡或丧失繁殖能力。紫外线消毒的使用剂量因杀灭对象的不同而不同。Runia（1994）提出在营养液灭菌时，杀死细菌和真菌需要的剂量是 100 mJ·cm^{-2}，杀死病毒的剂量是 250 mJ·cm^{-2}。紫外线消毒的效果受营养液中透射因子的影响，隐藏在悬浮颗粒背后的病菌难以被杀死。

高温消毒

加热消毒方法具有消毒彻底、栽培风险小等优点，但也存在设备及运行成本高等缺点。研究表明将营养液加热到 85℃并滞留杀菌 3 min，或加热到90 ℃滞留杀菌 2 min，可以实现对营养液的彻底消毒。

联合消毒

单独采用臭氧或紫外线的方法对营养液进行灭菌，都存在一定的缺陷，因此，也有采用"臭氧 + 紫外线"来处理营养液，扬长避短，发挥各自优势，从而达到更好的灭菌效果。

宋卫堂等（2011）为了充分利用紫外线、臭氧在营养液消毒上的优势，研制出了一种"紫外线 + 臭氧"组合式营养液消毒机（图 5-8），设备由紫外线消毒器、4 个文丘里射流器、臭氧发生器、自吸泵、ABS 管路及自动控制设备等组成。工作时，灌溉后回收的营养液首先由自吸泵提高压力后以一定流速通过文丘里射流器的喉管，在此形成负压将臭氧发生器的臭氧吸出并与

图 5-8　紫外 - 臭氧营养液消毒机

营养液充分混合，从而杀灭营养液中的病原微生物；随后，营养液再经过紫外线消毒器，在紫外线的照射下进一步杀灭病原微生物。

通过对 180 d 番茄栽培试验的营养液进行 UV、O_3、UV+O_3 三种方法的灭菌性能测试表明：主要微生物（细菌、真菌、放线菌等）总的消毒效果，应用三种方法分别达到了 70.6%、15.9% 和 89.9%。可以看出，"紫外线 + 臭氧"组合式消毒，达到了比单一灭菌方法更好的灭菌效果，可以较大幅度地提高消毒效率。

5.3.4　自毒物质去除技术

营养液长期循环使用，根系分泌及根系残留物分解释放的自毒物质累积于营养液中，对植物的生长会产生抑制作用，造成植物减产、品质下降。因此，为了使植物工厂封闭式无土栽培系统中植株健康生长，保证作物的高产优质，营养液中自毒物质的去除显得尤为重要。目前，营养液自毒物质的去除主要有更换营养液法、活性炭吸附法和光催化法等三种方法。

更换营养液法

更换营养液法是指在营养液利用一段时间后，通过更新营养液的方法去除原来营养液中的自毒物质。很明显，此方法不适合封闭式无土栽培方式。

活性炭吸附法

活性炭吸附法是一种去除营养液中自毒物质的有效方法。Yu 和 Matsui（1994），和 Lee 等（2005）发现用活性炭处理可有效去除营养液中累积的根分泌有机酸,但 2 g·L⁻¹ 的活性炭起效剂量成本较高,很难在实际生产中应用;其次,活性炭在吸附有机物质的同时也会吸附一部分养分(尤其是磷),造成营养液中养分比例失衡,加剧了营养液智能控制的难度。活性炭可有效去除营养液中的自毒物质,减缓由于自毒物质累积对植物生长产生的抑制作用,但这种去除的效果是有限的。因为活性炭并不能吸附所有的自毒物质,当这些不被吸附的自毒物质在营养液中累积过高时,活性炭的减缓作用也相应减小。

光催化法

光催化法是一种新兴的水净化方法。光催化原理是当纳米二氧化钛(TiO_2)被大于或等于其带隙(380 nm 左右)的光照射时,在 TiO_2 水体中,TiO_2 价带的电子可被激发到导带,生成电子、空穴对并向 TiO_2 粒子表面迁移。就在 TiO_2 表面发生一系列反应,最终产生具有很强氧化特性的 OH^- 和 O^{2-} 可以将有机物氧化分解为 CO_2、H_2O 和其他无机小分子。该方法是利用纳米 TiO_2 吸收小于其带隙(band gap)波长的紫外光所产生的强氧化效应,将吸附到其表面的有机物分解成二氧化碳,达到去除植物毒性物质的方法(图 5-9)。

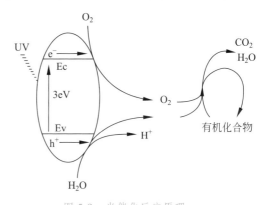

图 5-9 光催化反应原理

光催化方法是去除循环营养液中有机物质的好方法,具有高效、无毒、无污染、可长期重复使用,不影响蔬菜产量和品质,能将有机物彻底氧化分解为 CO_2 和 H_2O 以及广谱的杀菌性等优点。在植物工厂中,光催化可有效去除有机物和微生物,甚至可取代消毒装置,节省消毒成本。

TiO_2 的光催化特性已被广泛应用到空气、水等环境介质的污染处理中,

图 5-10　自然光 TiO₂ 光催化系统

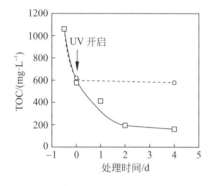

图 5-11　TiO₂ 光催化去除水培芦笋营养液 TOC

而在营养液的自毒物质去除应用方面目前才刚刚开始。Miyama 等研发了一套自然光光催化系统，用于降解设施番茄无土栽培基质（稻壳）所产生的植物毒性物质（图 5-10），取得了显著的去除效果。

Sunada 等用同样的方法试验研究了水培芦笋自毒物质的降低效果。结果表明，在黑暗条件下，TOC 浓度降低到一定量之后，不再变化，这是由于水培芦笋营养液中的毒性物质吸附在 TiO₂ 表面引起的。当开启紫外灯后，TOC 浓度继续降低，光催化 4 天后，TOC 浓度降低了 90%，说明 TiO₂ 光催化可有效去除水培芦笋营养液中的毒性物质（图 5-11）。

在实际栽培试验中，营养液经过光催化处理系统中芦笋的产量是营养液未经光催化处理系统中芦笋产量的 1.6 倍。另一试验表明，无土栽培番茄营养液经 TiO₂ 光催化处理后，连续栽培 6 茬，营养液 TOC 始终维持在较低水平（5~20 mg·L⁻¹），而营养液未经处理的番茄无土栽培系统的营养液 TOC 明显偏高（100~200 mg·L⁻¹）。这些研究表明，光催化方法在去除自毒物质方面是可行的，具有成本低、节能环保、效果持久、可控性强、便于应用和维护等优点，在去除自毒物质的同时还兼具杀菌功能，应用前景极为广阔。

在国内，光催化用于设施无土栽培或植物工厂的研究刚刚起步。2011年中国农业科学院农业环境与可持续发展研究所推出了两种用于设施无土栽培或植物工厂应用的人工光光催化系统。一种为柱状 TiO_2 光催化装置（图 5-12），该系统采用镍或不锈钢网固载 TiO_2，内部装有一支 254 nm 紫外灯管；另一种为 TiO_2 光催化箱，采用瓷砖固载 TiO_2，光源采用 254 nm 紫外灯（图 5-13）。

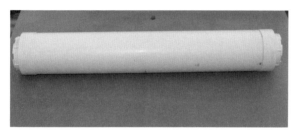

图 5-12　柱状 TiO_2 光催化装置

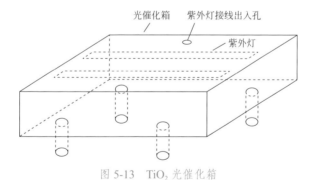

图 5-13　TiO_2 光催化箱

初步试验表明，采用 10 nm TiO_2 和 254 nm 紫外灯组合光催化系统，可显著降低水培生菜营养液中累积的根分泌物。由表 5-4 可知，随着光催化时间的延长，根分泌物逐渐被降解，说明 TiO_2 光催化对水培生菜营养液处理有显著的效果。

表5-4　不同固载量TiO₂光催化降解水培生菜营养液根分泌物效果（mg·L⁻¹）

TiO₂固载量	2h	4h	6h
G0	10.18a	8.54a	9.15a
G1	7.92b	6.77b	6.03b
G2	6.98b	5.92bc	5.34b
G3	6.78b	5.42c	5.75b

G0代表瓷砖表面未固载TiO₂，G1代表瓷砖表面的TiO₂的固载量为11 g·m⁻²。G2代表瓷砖表面的TiO₂的固载量为22 g·m⁻²。G3代表瓷砖表面的TiO₂的固载量为33 g·m⁻²。

注：同列数据后不同字母表示差异达5%显著水平。

第六章

作物品质调控

生产洁净安全且富含营养的作物产品一直是植物工厂追求的重要方向。作物的品质一方面由品种自身的遗传属性决定，另一方面则与其栽培生长环境密切相关，光照、温度、湿度、气体以及营养液等都会对作物品质产生影响。植物工厂作为一种密闭无菌、零农药、环境高度可控的高端设施系统，完全可以通过环境与营养调控生产出健康、绿色、洁净安全且富含营养的作物产品。

在人工光环境下可以实现对植物生长的光强、光质、光周期、光时空分布等进行全面、精细调控，生产出富含营养的高品质蔬菜及功能性植物，同时也可以根据需要调整营养液特定矿质元素，生产出富含矿质营养的植物产品。此外，还可以通过温度的动态变化，精准调控作物的营养要素积累和功能成分。

本章重点介绍作物品质的调控需求，以及通过光环境优化、营养液与温度调控等方式促进蔬菜生长、提高品质的技术与方法。

6.1 作物品质调控需求

6.1.1 作物品质概述

作物的品质构成要素可分为三个方面，即卫生品质、感官品质和营养品质。卫生品质是指作物的清洁程度、重金属含量、农药残留量以及其他有害物质如亚硝酸盐含量等；感官品质是指通过人体的感觉器官感受到的品质指标总和，如作物产品的外观形状、光泽、质地、新鲜度、口感等；营养品质在不同种类的作物中含义有所差异，一般会涉及碳水化合物、脂类、蛋白质、维生素、矿质元素等几大类，药用植物的营养品质还包括以次生代谢产物为主的多种药效成分，如生物碱、萜类、挥发油、类黄酮、酚类、苷类等。

6.1.2 作物形态的调控需求

作物形态表示植物的整体平衡和各器官（如叶片、茎、花朵）之间的协调，包括株高、开散度、叶片数、叶长、叶宽等。植株形态是植物的整体感观，也是引起购买欲望的第一印象。对于观赏性植物如盆栽花卉等，作物的植株形态直接关系到其观赏价值乃至商品价值，是设施生产需要重点考虑的调控需求之一；对于非观赏性作物或者观赏性不大的设施作物如蔬菜、瓜果等，作物形态的调控需求主要与植株生长的均匀性及其与设施自动化栽培装备的协调性相关，整齐度高的作物形态更有利于自动化作业和统一管理。

6.1.3 糖类物质的调控需求

作为光合作用的直接产物，糖类物质也是决定果蔬作物甜度口感的重要风味指标。糖类物质主要包括可溶性糖、淀粉、纤维素等，而在果蔬作物中，可溶性糖主要以蔗糖、果糖、葡萄糖为主，一般认为，可溶性糖含量的比例越高甜度口感越佳。园艺作物一般用总甜度（the total sweetness index，TSI）作为甜度指标，其数值是由组成可溶性糖的每种糖的含量及每种糖的甜度系数计算而来，而每种糖的甜度系数以蔗糖作为参照，即蔗糖甜度计为 1.00时，TSI = 1.00× 蔗糖含量 +0.76× 葡萄糖含量 +1.50× 果糖含量。也就是

说，在一定的可溶性糖含量基础上，果糖含量越高，甜度越大。糖类物质总量及各组成糖在作物器官间的积累和分配是影响果蔬作物口感价值的重要因素，同时也是设施作物生产的一项重要调控指标。

6.1.4　维生素 C 的调控需求

维生素 C 又称抗坏血酸，是一种人体必需的水溶性维生素。维生素 C 既是重要的抗氧化剂，也是酶辅因子，可促进骨胶原的生物合成、酪氨酸和色氨酸的代谢，改善人体对铁、钙和叶酸的利用、胆固醇代谢、牙齿和骨骼的生长，预防心血管病，以及增强机体对外界环境的抗应激能力和免疫力等。人体如果缺乏维生素 C 将导致多种疾病的发生，而人类自身不能合成所需的维生素 C，水果和蔬菜是人类获取维生素 C 的主要来源。因此，维生素 C 是设施果蔬营养评价的重要指标，提高果蔬中的维生素 C 含量是设施栽培环境调控的一个重要方面。

6.1.5　次生代谢产物的调控需求

次生代谢产物是植物对环境的一种适应，是在长期进化过程中植物与生物以及非生物因素相互作用的结果。次生代谢产物是细胞生命活动或植物生长发育正常运行的非必需的小分子化合物，其产生和分布通常有种属、器官、组织以及生长发育时期的特异性等特征。次生代谢产物可分为苯丙素类、醌类、黄酮类、单宁类、类萜、甾体及其苷、生物碱等七大类，也可根据次生产物的生物合成途径分为酚类化合物、类萜类化合物、含氮化合物（如生物碱）等三大类。药用植物的药效成分以次生代谢物居多，如甘草中的甘草酸和甘草苷、铁皮石斛中的生物碱、金线莲中的牛磺酸等。此外，花青素、类黄酮、酚酸等具有抗氧化作用的次生代谢物也广泛存在于非药用的果蔬作物中，通过环境和矿质营养调控提高次生代谢物质积累对改善作物营养价值和商品价值具有重要的意义。

6.1.6　硝态氮的调控需求

硝酸盐是一种对人体健康具有潜在危害的物质，人体摄入的硝酸盐有 70%~90% 来自于蔬菜，而蔬菜尤其是绿叶菜普遍存在硝酸盐高量累积的现象。叶片因具有较强的光合功能，能产生较多的还原型辅酶 II（NADPH），成为还原硝酸根的重要因素，所以绿叶蔬菜亚硝酸盐含量超标最为严重。果实主要是营养储存器官，硝酸根还原活性弱，所以瓜果类蔬菜亚硝酸盐含量一般不超标。被人体摄入的硝酸盐约有 5% 会被转化为亚硝酸盐，后者在人体内积累到一定程度会引起人体缺氧中毒反应，从而会增加高铁血红蛋白症的发生率；此外，亚硝酸盐还可与一些次级胺结合形成强致癌物质亚硝胺，甚至会引发人体消化系统癌变，具有极大的潜在危害。

世界卫生组织（World health organization, WHO）提出的食品硝酸盐日摄取容许量（acceptable daily intake, ADI）标准为 3.7 $mg \cdot kg^{-1}$ 单位体重，即一个体重 60 kg 的成年人，其每天允许的硝酸盐摄入量约为 222 mg。2001 年国家质量监督检验检疫总局在《农产品安全质量——无公害蔬菜安全要求》中给出 GB18406—2001 无公害蔬菜硝酸盐的限量标准为：瓜果类 ≤600 $mg \cdot kg^{-1}$，根茎类蔬菜 ≤1200 $mg \cdot kg^{-1}$，叶菜类蔬菜 ≤3000 $mg \cdot kg^{-1}$。近年来研究人员对我国多个大中城市蔬菜硝酸盐含量的抽样调查结果表明，我国大部分蔬菜中硝酸盐含量超标，因此，采取各种农艺措施降低蔬菜产品中硝酸盐含量，是减少硝酸盐过量进入人体的重要途径。

6.2

蔬菜品质提升技术

　　随着生活水平的不断提高，人们对高品质蔬菜的需求日益增长。因此，通过一定的技术手段提供洁净安全、富含营养的高品质蔬菜显得尤为迫切。蔬菜生长发育及功能物质积累的过程受其遗传特性和外界环境因子的综合影响。遗传特性决定蔬菜体内物质合成与代谢路径以及物质积累方式（Gardner et al., 2017）；外界生长环境（光照、温度、营养等）主要通过调控蔬菜光合同化或物质代谢路径中关键基因表达调节蔬菜体内物质合成与积累过程，进而影响蔬菜品质（Bian et al., 2016; Jones, 2013）。植物工厂内部环境与植物矿质营养成分供应相对可控，可以通过人工干预蔬菜生长过程中的环境因子，调控作物营养代谢水平，协调库 - 源关系，实现对蔬菜品质的定向调控。本节重点介绍光、营养和温度调控蔬菜品质的相关研究结果。

6.2.1　光环境品质调控

　　光不仅是植物光合作用的推动力，更是一种调控信号，通过激发相关基因表达来调节植物的生长发育过程，进而影响其产量和品质形成。人工光型植物工厂可对光环境的光强、光质、光期和光的时空分布等方面进行全面、精细地调控，合理的光照调控策略不仅能显著改善蔬菜品质，而且还能有效降低光源能耗。

光强品质调控

光照强度是影响植物光合潜能发挥的重要光环境因素。根据植物生长发育对光照强度需求的差异可以将植物划分为阳生植物和阴生植物。自然条件下，由于天气变化及周围物体遮挡的影响，植物时常受光胁迫的影响。与最适光照强度相比，光照强度过低（弱光）或过高（高光）都会对植物生长发育及物质合成代谢产生不利影响。弱光胁迫不仅引起光合强度降低和干物质积累量减少，而且影响干物质在不同器官之间的转运，导致光合产物在源 - 库之间的分配失衡进而导致植物生长缓慢，产量和品质下降。在高光照条件下，植物叶片吸收的光能超过光合需求，则会引起光抑制或光伤害，导致光合能力下降，干物质合成代谢紊乱（Hu et al. 2007; Lefsrud et al., 2006）。

在合理光强范围内，增加光照强度，不仅能够显著提高蔬菜产量，还能有效改善蔬菜营养品质。Kläring and Krumbein（2013）研究发现，与光强为 100 μmol·m^{-2}·s^{-1} 相比，300 μmol·m^{-2}·s^{-1} 的光强可显著提高菠菜 β - 胡萝卜素和类黄酮积累，然而提高光照强度却不利于樱桃番茄果实类黄酮的积累（Kläring & Krumbein 2013）。

王志敏等（2011）以叶用莴苣品种永荣为试验材料，探讨了光照强度为 100 μmol·m^{-2}·s^{-1}（RB100）、200 μmol·m^{-2}·s^{-1}（RB200）和 300 μmol·m^{-2}·s^{-1}（RB300）的红蓝 LED 光源对叶用莴苣生长与品质的影响，结果显示 RB300 处理下的叶用莴苣维生素 C 含量最高，硝酸盐和叶绿素含量最低。

周秋月等（2009）以意大利耐抽苔生菜为试验材料，研究了 5 个梯度（75、150、225、450、550 μmol·m^{-2}·s^{-1}）光照强度处理对叶绿素相对含量、干重等生理指标和硝酸盐累积的影响，结果表明光照强度显著影响植株生长及各测定指标，最适合生菜生长的光照强度为 450 μmol·m^{-2}·s^{-1}，达到了低硝酸盐的累积与生长品质的统一。

卞中华（2015）采用红蓝比例为 4 ∶ 1 的 LED 光源，研究光照强度分别为 100、200、300、400 μmol·m^{-2}·s^{-1} 的连续光照对奶油生菜叶片硝酸盐积累的影响发现，在保持光照总量一致的条件下提高光照强度和缩短连续光照时间可显著降低生菜叶片硝酸盐含量，但是降低光照强度和延长光照时间则会导致硝酸盐在叶片中过量积累（图6-1）。因此，在人工光蔬菜生产过程中，通过光照强度进行蔬菜品质调控应基于不同蔬菜品种光照需求特性，将光照强度控制在适宜的范围之内。

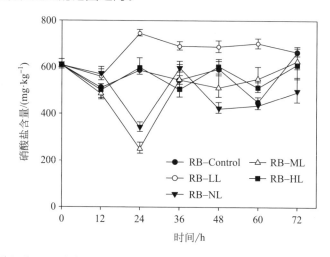

图 6-1　采收前红蓝 LED 连续光照下光照强度对生菜硝酸盐含量的影响. RB-CK, 红蓝 LED 对照；RB-LL、RB-NL、、RB-ML 和 RB-HL，光照强度分别为 100、200、300、400 µmol·m⁻²·s⁻¹红蓝 LED 连续光照。

光质品质调控

调控光源光质组成可显著影响蔬菜品质。研究表明，红光可显著提高黄瓜、番茄和萝卜幼苗可溶性糖含量（Zhang et al., 2009, Cui et al., 2009），红光 LED 可促进豌豆幼苗可溶性糖的积累而红蓝 LED 混合光质有利于可溶性蛋白的积累（Zhang et al., 2010）。闻婧等（2011）研究了不同红蓝配比（R/B）昼夜交替 LED 光照对叶用莴苣生理性状及品质的影响，发现适宜的红蓝光比例（8:1）能有效增加植物维生素 C 含量，并降低硝酸盐含量。而Zhou et al.（2013）研究发现，在连续光照条件下，红蓝光照比例为 4 ： 1可显著降低生菜硝酸盐含量（图6-2）。Bian et al.（2016）进一步研究表明，在红蓝光照比例为 4 ∶ 1 的连续光照条件下，添加一定比例的绿光能有效降低水培生菜硝酸盐含量、显著提高抗坏血酸、可溶性糖及可溶性蛋白含量（表 6-1）。除可溶性糖、可溶性蛋白以及硝酸盐含量之外，光质对蔬菜抗坏血酸和次生代谢物质的合成和积累具有显著的影响。Brazaitytė et al.（2015）研究发现：UV-A 光可显著提高芽苗菜次生代谢物质 - 总酚、花青素和抗坏血酸的合成。红光、蓝光和 UV-A 还可显著促进蔬菜花青素的合成和积累，但是远红光却不利于花青素的合成（Bian et al., 2015）。

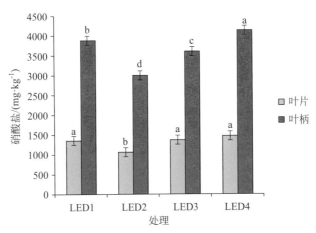

图 6-2　不同光质比例红蓝 LED 连续光照 48h 对水培生菜硝酸盐含量的影响. LED1-3, 红蓝比例分别为 2，4，和 8 的红蓝 LED 连续光照；LED4, 单色红光 LED. 不同连续光照处理的光照强度为 150 μmol·m⁻²·s⁻¹。

表 6-1　短期连续光照条件下 LED 光质对水培生菜次生代谢物质、可溶性糖和可溶性蛋白含量的影响（$n=4$）

连续光照时间	参数	RB-Control	RB-CL	RBG-CL	rb-CL	rbg-CL
24 h	总酚（mg·g⁻¹）	1.76±0.12a	1.70±0.21a	1.74±0.11a	1.81±0.25a	1.71±0.15a
	DPPH 清除能力（μmol·g⁻¹）	3.11+0.21c	4.26±0.32a	4.18±0.16a	3.87±0.12b	3.79±0.11b
	抗坏血酸（mg·g⁻¹）	0.87±0.05d	1.64±0.32bc	2.51±0.19a	1.23±0.16c	2.13±0.22b
	可溶性糖（mg·g⁻¹）	2.27±0.31c	4.36±0.37ab	4.84±0.41a	4.30±0.23ab	4.11±0.19b
	可溶性蛋白（mg·g⁻¹）	7.76±0.32c	10.37±0.26a	10.39±0.51a	8.91±0.49b	8.34±0.42bc

	总酚（mg·g⁻¹）	$1.50 \pm 0.13c$	$2.03 \pm 0.10b$	$2.31 \pm 0.14a$	$1.89 \pm 0.17b$	$1.95 \pm 0.20b$
48 h	DPPH 清除能力（μmol·g⁻¹）	$3.32 \pm 0.34c$	$5.65 \pm 0.71a*$	$4.87 \pm 0.52a*$	$3.89 \pm 0.26b$	$4.25 \pm 0.18b*$
	抗坏血酸（mg·g⁻¹）	$1.02 \pm 0.09c$	$2.18 \pm 0.16b*$	$2.67 \pm 0.24a$	$1.82 \pm 0.23b*$	$2.44 \pm 0.11a$
	可溶性糖（mg·g⁻¹）	$3.10 \pm 0.56c$	$6.03 \pm 0.34b*$	$7.65 \pm 0.42a*$	$5.63 \pm 0.21b*$	$5.97 \pm 0.40b*$
	可溶性蛋白（mg·g⁻¹）	$8.46 \pm 0.67d$	$12.15 \pm 0.51b*$	$13.28 \pm 0.36a*$	$9.45 \pm 0.13c*$	$9.73 \pm 0.22c*$

注：同行数据后不同小写字母表示处理间差异显著（$p<0.05$），* 表示相关参数在连续光照 24 h 和 48 h 时存在显著差异。RB-Control，红蓝 LED 对照；RB-CL 和 rb-CL：红蓝光比例分别为 4∶1 和 1∶1∶1 的 LED 连续光照；RBG-CL 和 rbg-CL：红蓝绿光比例分别为 4∶1∶1 和 1∶1∶1 的 LED 连续光照。

光周期品质调控

光周期是影响植物生长发育及物质合成代谢的重要环境因子。自然条件下，植物体内物质代谢过程随昼夜交替而呈现周期性变化。研究发现，植物体内硝酸还原酶活性受植物光周期的影响进而导致植物体内硝酸盐含量呈现光期降低和暗期积累的周期性变化（Huber et al., 1992）。

基于光周期变化对植物体内硝酸盐含量影响，近年来本课题组持续开展了连续光照对蔬菜硝酸盐代谢积累的大量研究。通过研究发现，在蔬菜采收前延长光照时间或采取短期连续光照的处理方式可显著降低生菜硝酸盐含量的同时并有效提高可溶性糖和维生素 C 含量。Zhou et al.（2013）研究表明，连续光照 72 h 可降低生菜叶片和叶柄中的硝酸盐含量。在连续光照条件下，生菜叶片和叶柄中的硝酸盐含量分别在连续光照 24 h 和 48 h 后趋向于稳定（图 6-3）；而可溶性糖和维生素 C 含量以近似恒定的速度快速提高，其增速在 72 h 后并未表现出变缓趋势（图 6-4）。Bian et al.（2018）进一步研究发现，在采收前采用红蓝绿比例为 4∶1∶1，光照强度为 200 μmol·m⁻²·s⁻¹ 的 LED 连续光照可有效降低水培奶油生菜叶片硝酸盐含量，然而光照时间超过 48 h 却会导致硝酸盐在叶片中的二次积累（图 6-5）。

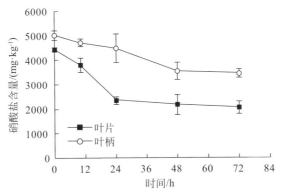

图 6-3　连续 72 h 光照下生菜硝酸盐含量的变化

注：以温室自然光照下水培 20 d 的奶油生菜为试验材料，生菜前期培养及连续光照试验期间均采用营养液水培，营养液硝态氮浓度为 10.18 mmol/L。

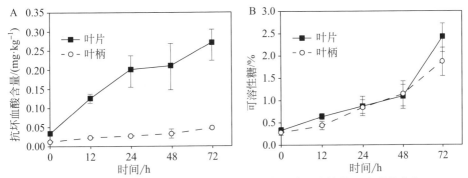

图 6-4　连续 72 h 荧光灯光照下生菜抗坏血酸 A 和可溶性糖 B 含量的变化

注：以温室自然光照下水培 20 d 的奶油生菜为试验材料，生菜前期培养及连续光照试验期间均采用营养液水培，营养液硝态氮浓度为 10.18 mmol/L。

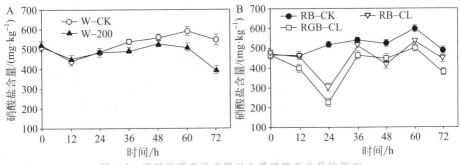

图 6-5　不同光质连续光照对生菜硝酸盐含量的影响

注：图 A 和图 B 分别以白光 LED 和红蓝 LED (4∶1) 水培 25 d 的奶油生菜为实验材料，连续光照处理前期和处理过程中光照强度为 200 μmol·m⁻²·s⁻¹，营养液采用霍格兰营养液配方；W-CK，白光 LED 对照；W-CL，白光 LED 连续光照；RB-CK，红蓝 LED 对照；RB-CL 和 RBG-CL，红蓝 LED 和红蓝绿 LED 连续光照。

光分布品质调控

光的时间分布是指同一种光质、光强的组合在一个光周期时间轴上的分布，主要体现在供光模式的差异上（如连续供光型、交替供光型、间歇供光型等）。间歇供光模式是一种与植物工厂光源能耗相关的供光模式，本课题组开展了红蓝光间歇供光模式栽培对生菜生长发育的影响研究，结果显示在不增加能量消耗的前提下，一定频率的间歇供光模式可以同时提高生菜叶片的可溶性糖含量而降低粗纤维含量，从而提升生菜的生食口感。

试验在全人工光型植物工厂中进行。红、蓝光的峰值波长分别为 660 nm 和 450 nm，光强分别为 180 $\mu mol \cdot m^{-2} \cdot s^{-1}$ 和 20 $\mu mol \cdot m^{-2} \cdot s^{-1}$，在 24 h 的昼夜周期中，红蓝组合光供光总时长均为 16 h，各处理之间的各处理之间的日光照总量和电能消耗一致。处理间差异在于红蓝组合光的供光间歇。在 24 h 的昼夜周期中，对照 L/D（1）为连续供光，即 16 h 光照：8 h 黑暗；处理 L/D（2）的供光模式为 8 h 光照：4 h 黑暗（循环 2 次）；处理 L/D（3）为 6 h 光照：3 h 黑暗（循环 2 次）+4 h 光照：2 h 黑暗；处理 L/D（4）为 4 h 光照：2 h 黑暗（循环 4 次）；处理 L/D（6）为 3 h 光照：1.5 h 黑暗（循环 5 次）+1 h 光照：0.5 h 黑暗；处理 L/D（8）为 2 h 光照：1 h 黑暗（循环 8 次）。

由图 6-6 可以看出，在不增加能量消耗的前提下，不同频率的间歇光产生不同形态的生菜株型。表 6-2 显示，与对照 L/D（1）相比，除了处理 L/D（3）外，其他处理均提高了生菜地上部鲜重。其中，L/D

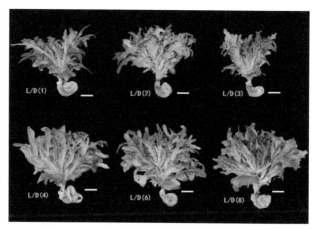

图 6-6　不同间歇供光模式下生菜的形态差异

（4）、L/D（6）和 L/D（8）显著增加了生菜地上部鲜重，L/D（2）处理下生菜地上部鲜重较对照增加不显著，提高了约 5.3%。

表 6-2　不同间歇供光模式下生菜的生长指标

处理	鲜重/g		干重/g		株高/cm	茎粗/mm	叶片数
	地上	地下	地上	地下			
L/D（1）	120.56b	15.33 b	5.47b	0.68b	22.13 b	9.71 b	29b
L/D（2）	127.00ab	13.00bc	6.20a	0.71b	22.90 b	10.04 b	30a
L/D（3）	101.12c	11.67c	4.74c	0.61b	20.13 b	8.81 c	24c
L/D（4）	139.16a	18.13a	5.71ab	0.73a	26.23 a	12.07 a	31a
L/D（6）	137.57a	17.02a	6.21a	0.78ab	28.23 a	11.87 a	29b
L/D（8）	135.15a	17.21a	6.13a	0.94a	28.05a	12.03 a	28b

注：图中不同小写字母表示处理间在 $p < 0.05$ 水平差异显著。

图 6-7 表明，L/D(2) and L/D(3) 处理下生菜叶片果糖含量显著高于其他处理。与对照 L/D(1) 相比，所有处理下生菜叶片葡萄糖含量均显著提高。L/D(2) and L/D(3) 处理下，生菜甜度系数 TSI 较其他处理提高了 16%~23%。

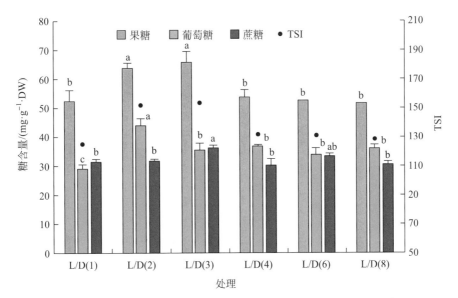

图 6-7　不同间歇供光模式下生菜叶片果糖、葡萄糖、蔗糖含量及甜度 TSI

注：图中不同小写字母表示处理间在 $p < 0.05$ 水平差异显著。

由图 6-8 可知，随着光暗循环次数的增加，生菜地上部粗纤维和淀粉含量先降低后升高，最低值均出现在 L/D（2）和 L/D（3）处理下。可溶性糖含量大致呈现相反的变化趋势，叶片可溶性糖含量最高值也出现在 L/D（2）和 L/D（3）处理下。

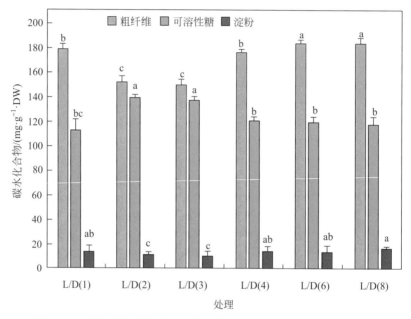

图 6-8 不同间歇供光模式下生菜叶片粗纤维、可溶性糖、淀粉含量
注：图中不同小写字母表示处理间在 $p < 0.05$ 水平差异显著。

总体来看，L/D（2）和 L/D（3）处理提高了生菜的甜度和脆度，进而优化了生菜的食用口感，同时，L/D（2）处理较对照而言提高了生菜地上部生物量干重。因此，L/D（2）是本试验的优化处理。在不增加能量消耗的前提下，通过一定的间歇供光模式可以促进生菜生长和优化食用口感。

6.2.2 营养液品质调控

矿质营养是影响蔬菜产量形成和营养成分积累的关键因素。研究发现植物对矿质营养的需求因其生长发育阶段的不同而存在显著差异。根据蔬菜不同生长发育阶段对养分的需求特点调节矿质营养的供应，能够在提高产量的同时有效提升蔬菜的营养品质（Gardner et al., 2017）。

无土栽培是植物工厂的主要栽培方式，适宜的营养液配方与供应方式是实现其优质高产的重要保证。在植物工厂蔬菜生产中，通过植物生长发育模型及其对矿质营养的需求，由计算机系统对蔬菜不同生长阶段的营养液配方及其供应方式进行精准化调控，能够在降低营养液成本投入的条件下提高蔬菜营养品质，实现对蔬菜产量和品质的定向调控。

营养液调控降低蔬菜硝酸盐含量

硝酸盐是植物生长发育的重要氮源。蔬菜对硝酸盐的吸收及其在蔬菜体内的积累过程受根系环境中硝酸盐浓度的影响。在蔬菜采收前，对营养液中氮素含量进行人为调节可实现对蔬菜硝酸盐的定向调控。Santamaria 等（1998）研究发现：采收前采取断氮处理可显著降低芝麻菜叶片硝酸盐含量。本课题组通过进一步研究发现，在采收前进行短期营养液调控可以显著改善植物工厂蔬菜品质，如在生产后期降低营养液供氮水平，尤其是降低硝态氮供应，可以显著降低蔬菜产品中的硝态氮积累，提高维生素 C 含量（余意等，2015）（表 6-3）。

表 6-3　断氮处理对水培生菜可溶性糖、抗坏血酸和硝酸盐含量的影响

处理	N15				N10			
	可溶性糖 mg·kg^{-1}	抗坏血酸 mg·g^{-1}	硝酸盐		可溶性糖 mg·g^{-1}	抗坏血酸 mg·g^{-1}	硝酸盐	
			叶片 mg·kg^{-1}	叶柄 mg·kg^{-1}			叶片 mg·kg^{-1}	叶柄 mg·kg^{-1}
断氮前	17.6b	0.42b	355.62a	2476.93a	20.92b	0.26b	341.26a	2395.70a
断氮后	44.23a	0.63a	25.37b	64.63b	48.32a	0.75a	22.25b	36.39b

　　注：N15 和 N10 分别表示试验过程中采用的营养液硝态氮浓度为 15 mmol·L^{-1} 和 10 mmol·L^{-1}。图中不同小写字母表示处理间在 $p < 0.05$ 水平差异显著。

营养液调控功能性蔬菜品质

植物工厂中营养液调控是生产功能性蔬菜的重要途径之一。根据不同消

费者的需求，借助营养液调控手段，定向生产功能性蔬菜对维持人体健康和减少人体化学药物摄入都能起到至关重要的作用。硒元素是维持人体健康重要的微量元素之一，其参与新陈代谢过程中某些关键酶的合成，对保护细胞，清除自由基，抵抗汞、镉、砷、铊、铅等有毒物质具有至关重要的作用。硒缺乏症是世界范围内普遍存在的问题，已有的研究表明，摄入富硒食物是解决人体硒缺乏症最为安全有效的手段（Ellis & Salt, 2003）。为探讨营养液中硒元素对水培生菜硝酸盐代谢、酶活性以及硒富集的规律，Lei 等（2017）进行了系统的试验研究。

研究发现，外源硒施加能够显著影响水培生菜生长发育。外源硒对生菜地上部分和地下部分鲜重的影响因硒的浓度而存在显著差异。较硒浓度为 0 的处理而言，硒浓度为 5 μmol·L^{-1} 时生菜地上部分鲜重没有显著变化；硒浓度为 0.1 μmol·L^{-1} 和 0.5 μmol·L^{-1} 时，生菜地上部分鲜重分别提高了 23% 和 43%，但是硒浓度为 10 μmol·L^{-1} 和 50 μmol·L^{-1} 时生菜地上部分鲜重降低了 22% 和 41%，生菜地上部干重的变化趋势与鲜重基本一致。此外，不同浓度的硒处理对生菜根系鲜重的影响较小（表 6-4）。

表6-4 不同浓度硒处理对生菜生长的影响

硒浓度 /μmol· L^{-1}	地上部分鲜重 /g	地上部分干重 /g	根系鲜重 /g	根系干重 /g	根长 /cm
0	55.79±1.39c	2.35±0.39cd	7.26±0.06c	0.20±0.04b	23.83±0.76b
0.1	68.63±2.67b	4.15±0.62b	8.84±0.12b	0.36±0.03a	27.00±1.00b
0.5	79.98±1.79a	4.90±0.29a	10.89±0.41a	0.37±0.06a	31.00±3.04a
5	55.27±1.81c	2.70±0.22c	7.59±0.13c	0.23±0.02b	24.00±2.00b
10	43.42±1.95d	2.10±0.15cd	5.43±0.47d	0.17±0.02b	19.67±1.53c
50	33.18±1.91e	1.98±0.13d	2.19±0.05e	0.22±0.02b	10.67±1.53c

注：图中不同小写字母表示处理间在 $p < 0.05$ 水平差异显著。

表 6-5 显示了生菜叶片 NO_3^- 的含量。与对照相比，硒浓度为 0.1，0.5，5，10 μmol·L^{-1} 和 50 μmol·L^{-1} 时，叶片 NO_3^- 含量分别降低了 27.7%，53.4%，49.7%，43.1% 和 35.3%。在一定范围内，随着硒浓度的增加，生菜叶片 NO_3^- 含量呈下降趋势。当硒浓度大于 0.5 μmol·L^{-1} 时，NO_3^- 的含量又开始增加，但仍低于对照，说明添加硒可以降低硝酸盐含量、提高生菜的品质。添加硒后生菜叶片硝酸盐含量降低可能是由于硒提高了硝酸还原酶和亚硝酸还原酶的活性，把硝酸盐作为电子受体，通过硝酸还原酶和亚硝酸还原酶的作用，最终将硝酸盐还原为氨基酸或氮气释放出来。

表 6-5　不同浓度的硒处理对生菜 NO_3^- 含量和 NR、NiR、GS、GOGAT 酶活性的影响

硒浓度 （μmol·L^{-1}）	NO_3^-	NR	NiR	GS	GOGAT
0	2069.86a	5.2d	8.26d	1.12d	7.86d
0.1	1356.16e	9.0b	9.86c	1.72b	9.67b
0.5	1276.26f	12.6a	13.50a	2.47a	11.76a
5	1511.42d	9.2b	11.47b	1.63b	9.85b
10	1737.44c	7.7c	9.14c	1.33c	8.29c
50	1832.65b	6.7c	7.96d	1.21cd	7.71d

注：图中不同小写字母表示处理间在 $p < 0.05$ 水平差异显著。

总体来看，添加低浓度的硒（低于 0.5 μmol·L^{-1}）可促进生菜的生物量积累，但是较高的硒浓度（高于 5 μmol·L^{-1}）抑制了生菜生物量积累。生菜叶片 NO_3^- 的含量随着硒浓度的提高呈先降低后升高的趋势，硒浓度为 0.5 μmol·L^{-1} 时生菜叶片 NO_3^- 含量最低。因此，0.5 μmol·L^{-1} 为生产低硝酸盐富硒生菜的适宜硒浓度。

6.2.3　温度品质调控

除光照和矿质营养之外，温度是调控植物生长发育及功能物质积累过程又一重要环境因子。一般而言，气温与蔬菜硝酸盐含量之间呈相反关系，即

气温高，硝酸盐含量低，气温低，则硝酸盐含量高。在一定范围内适当提高环境温度可有效增强氮代谢过程中关键酶（如 NR 和 NiR）活性，促进硝酸盐降解（图 6-9）。如在 5~25 ℃范围内，菠菜中的硝酸盐含量则随着温度的升高而降低（Cantliffe，1972），当温度从 8 ℃急升到 32 ℃时，甜菜硝酸盐含量就会大大降低。

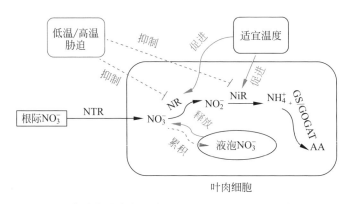

图 6-9　温度对植物体内硝酸盐（NO₃⁻）代谢和积累过程的影响

注：NTR，硝酸盐转运酶；NR，硝酸盐还原酶；NiR，亚硝酸还原酶，GS，谷氨酰胺合成酶；GOGAT，谷氨酸合成酶。

对植物而言，温度指标可以划分为最高温度、最低温度和最适温度。极端温度条件，首先引起光合能力降低和光能过剩，加速活性氧（ROS）积累（Taiz et al., 2015）。植物体内过量积累 ROS 不仅对植物光合系统构成造成伤害，而且还会导致碳氮代谢过程关键酶活性降低，引起植物体内碳氮代谢失衡，导致植物硝酸盐吸收和代谢过程发生紊乱，硝酸盐过量积累。适当的温度胁迫有助于激活植物体内的次生代谢物质和抗氧化物质清除 ROS，维持植物体正常的生长发育过程（图 6-10）。研究发现，低温处理能有效提高冬季菠菜抗氧化物质、抗坏血酸和黄酮含量（Watanabe & Ayugase，2015）。在自然条件下，环境因子的极端变化是导致植物生长发育受阻、产量和品质降低的重要原因，而植物工厂可以为植物生长发育提供适宜的生长环境，并根据栽培目的和栽培品种的差异对各环境因子定向调控，实现产量提高和品质改善。

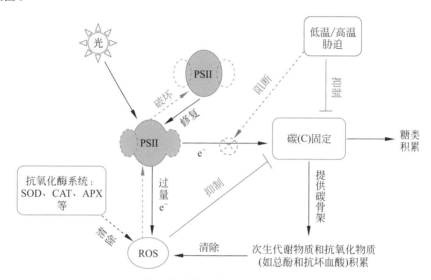

图 6-10 环境温度对植物内源物质代谢和积累的影响

第七章

植物工厂药用植物栽培技术

药用植物，俗称中草药，其药效成分多数为植物次生代谢产物，如苷、酸、多酚、萜类、黄酮、生物碱等，有些药食同源的中草药亦被称为药用蔬菜，如板蓝根、紫苏、罗勒、蒲公英、鱼腥草等。目前中草药产业面临的主要问题为资源紧缺和品质下降，一方面，由于原生环境的退化破坏、滥采滥挖等现象造成野生药用植物资源的日渐匮乏；另一方面，在自然生长环境中存在诸多生物或非生物污染，所导致的物种掺杂以及药用植物本身的质量变化等都会影响药草的生产和药效的稳定性。因此，稳定、高效的人工栽培对于药用植物的可持续发展和生态环境的保护而言意义重大。在实际生产中，由于药用植物的人工栽培环境与自然生长环境存在较大差异，经常导致其药效成分不达标而影响药用价值，如何提高药草中有效成分的含量或积累量是药用植物人工栽培中亟待解决的问题。

　　研究表明，光在影响药用植物生长发育、生理生化特性的同时，还会对药用植物的次生代谢产物积累产生重要的影响。随着温室、植物工厂等可控环境设施的出现，药用植物人工栽培的光环境调控能力得到显著提升，尤其是全人工光型植物工厂可进行光强、光质、光周期以及光分布等多维光环境精准调控，为高品质、高附加值的药用植物生产提供了可能。本节重点介绍通过光环境干预提高几种药用植物有效成分含量和药效价值的相关研究。

7.1

西洋参光环境品质调控

西洋参（*Panax quinquefolius*）为宿根性多年生草本植物，根部可以入药，西洋参也是生产功能性食品、化妆品等的重要原料。人参根中存在的各种生物活性化合物，如人参皂苷、类黄酮、脂肪酸、单/三萜、苯丙素等，其中人参皂苷是最重要的有效成分。西洋参作为一种经济价值极高的药用植物，对生长环境要求苛刻，人工光型植物工厂可以通过高精度的环境调控为西洋参生长提供适宜的条件。本课题组成员张玉彬等以西洋参为研究对象，设置不同的光质光强环境，以其生长和药效成分含量为指标研究了西洋参人工栽培的适宜光环境条件。

试验材料选取长势一致、无病害的 2a 生西洋参苗，在中国农业科学院农业环境与可持续发展研究所密闭植物工厂内进行。环境温度为（26±1）℃，相对湿度为（70±5）%。试验开始于 2018 年 4 月 27 日，将大小一致的 2a 生西洋参苗随机斜栽于长方形塑料栽培槽（57 cm×32 cm×18 cm）内，每槽 8 株。采用 LED 红蓝光组合灯板进行光照处理，如表 7-1 所示，试验设置 2R：1B（$Q_{2:1}$）、3R：1B（$Q_{3:1}$）和 4R：1B（$Q_{4:1}$）3 种红蓝光质比例，50 $\mu mol \cdot m^{-2} \cdot s^{-1}$（$I_{50}$）和 80 $\mu mol \cdot m^{-2} \cdot s^{-1}$（$I_{80}$）2 种光强，共 6 个处理。栽培基质为蛭石、草炭和珍珠岩（体积比为 1：1：1）的混合物。

表 7-1　光质与光强处理

序号	处理	红蓝比	红光光强 /（μmol·m⁻²·s⁻¹）	蓝光光强 /（μmol·m⁻²·s⁻¹）
1	$Q_{2:1}I_{50}$	2：1	33.33	16.67
2	$Q_{3:1}I_{50}$	3：1	37.50	12.50
3	$Q_{4:1}I_{50}$	4：1	40.00	10.00
4	$Q_{2:1}I_{80}$	2：1	53.33	26.67
5	$Q_{3:1}I_{80}$	3：1	60.00	20.00
6	$Q_{4:1}I_{80}$	4：1	64.00	16.00

光环境对西洋参生长、果实和种子产量的影响

由表 7-2 可知，光质相同时，50 μmol·m⁻²·s⁻¹ 下的果实数量显著高于 80 μmol·m⁻²·s⁻¹ 下的果实数量，且在红蓝光质比 3：1 时，差异显著。光强为 50 μmol·m⁻²·s⁻¹ 下的果实及种子单粒重也高于 80 μmol·m⁻²·s⁻¹ 下的处理，但差异不显著。结果表明，低光强环境下更有利于西洋参果实的生长，这或许与西洋参喜弱光的生长习性有关。本试验中，光强 50 μmol·m⁻²·s⁻¹、红蓝光质比 3：1 是适合西洋参果实和种子生长的最佳光环境指标。

表 7-2　LED 红蓝光谱对西洋参果实和种子的影响

处理	果实数量 / 粒	果实单粒重 /g	种子单粒重 /g
$Q_{2:1}I_{50}$	15.8ab	2.5a	0.70a
$Q_{3:1}I_{50}$	6.3b	1.8a	0.35a
$Q_{4:1}I_{50}$	17.3a	3.5a	0.76a
$Q_{2:1}I_{80}$	5.76b	1.4a	0.38a
$Q_{3:1}I_{80}$	13.7ab	2.1a	0.52a
$Q_{4:1}I_{80}$	8.0b	1.9a	0.55a

注：图中不同小写字母表示处理间在 $p < 0.05$ 水平差异显著。

光环境对西洋参根鲜干重及总皂苷含量的影响

由表 7-3 可知，高光强有利于西洋参根的生长。本试验中，光强 80 μmol·m^{-2}·s^{-1}、红蓝光质比 2 : 1 是适合西洋参根生长的最佳光环境指标（图 7-1）。而总皂苷含量则是在光强 80 μmol·m^{-2}·s^{-1}、红蓝光质比 4 : 1 的光谱条件下最高，显著高于其他处理。

表 7-3　LED 红蓝光谱对西洋参生物量的影响

处理	根鲜重 /g	根干重 /g	总皂苷 /（mg·g^{-1}）
$Q_{2:1}I_{50}$	10.80bc	2.77bc	94.75b
$Q_{2:1}I_{80}$	15.97a	4.13a	88.15b
$Q_{3:1}I_{50}$	9.03c	2.10c	92.73c
$Q_{3:1}I_{80}$	12.83b	3.27ab	71.15b
$Q_{4:1}I_{50}$	10.50bc	2.93bc	76.88c
$Q_{4:1}I_{80}$	9.53c	2.53bc	111.85a

注：图中不同小写字母表示处理间在 $p < 0.05$ 水平差异显著。

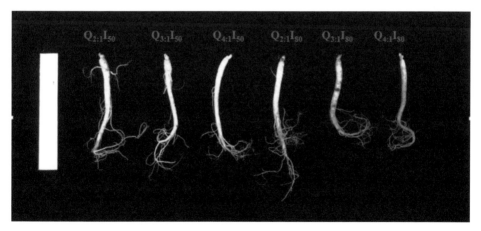

图 7-1　不同 LED 红蓝光处理下的西洋参根

7.2

蒲公英光环境品质调控

蒲公英（*Taraxacum mongolicum*）是一种传统的中药材，含有蒲公英甾醇、蒲公英苦素、木脂素、皂苷、绿原酸等化学成分，具有清热解毒、消肿散结、利胆保肝等功效，同时蒲公英具有良好的口感和丰富的营养，也是人们喜食的保健蔬菜。

目前，受制于耕地资源减少和地域性土壤污染等问题，野生蒲公英在质与量方面已难以满足市场需求。药用蔬菜蒲公英中的无机元素是人体中维生素、酶、激素等活性物质的核心成分和重要的营养物质，也是影响其药效成分活性的重要因素。本课题组成员陈晓丽（2015）等以荧光灯及 LED 作为植物生长光源，分析了不同光谱条件下蒲公英对 K、P、Ca、Mg、Na、Fe、Mn、Zn、Cu、B 等 10 种无机元素的吸收和积累，结果发现光环境极大地影响蒲公英对矿质元素的吸收和积累，进而影响蒲公英的营养和药用价值。

蒲公英种子经催芽露白后播于育苗海绵中并在荧光灯下度过 15 天的育苗期，随后将蒲公英幼苗移栽至不同光谱成分的光源下水培种植，人工光源采用白色荧光灯及红、蓝色 LED 灯管，荧光灯发射的光谱波段为 400~700 nm，红、蓝 LED 发射的光谱波峰及半波宽分别为 660 nm，450 nm 和 18 nm，20 nm。试验设 5 个不同光谱组合，FL 为单一荧光灯，R 为红色 LED，B 为蓝色 LED，RB 为红蓝 LED 混合，FLRB 为荧光灯与红蓝 LED 混合，混合光源中的光谱能量分配及光谱图见表 7-4 和图 7-2，试验过程中通过调节灯与植物的距离使蒲公英叶片获得的光合有效辐射为（133 ± 5）μmol · m^{-2} · s^{-1}。植物工厂环境温度设置为 24℃ /20℃（day/night），光期为 16 h，营养液采用 Hoagland 全营养液配方（pH: 5.8~6.0；EC: 1.2~1.3 mS · cm^{-1}）。自播种 60 天后收获蒲公英，并进行指标测定。

表 7-4　不同处理下的光谱组成和 PAR

处理	FL	R	B	RB	FLRB
光合有效辐射（PAR）/（μmol·m^{-2}·s^{-1}）	135.5	131.6	130.7	132.0	137.1
FL/%	100	—	—	—	50.1
Blue LED/%	—	—	100	51.8	25.3
Red LED/%	—	100	—	48.2	24.6

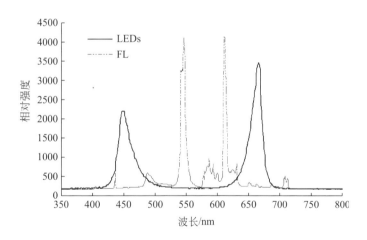

图 7-2　LED 和荧光灯的光谱分布图

光环境对蒲公英地上部分无机元素含量的影响

由表 7-5、表 7-6 可见，在 FL 光谱条件下蒲公英地上部分常量无机元素含量比值为 K : Ca : P : Mg : Na=79.74 : 32.39 : 24.32 : 10.55 : 1.00，微量

无机元素含量比值为 Fe：Mn：B：Zn：Cu=9.28：9.71：3.82：2.08：1.00。不同光谱条件下，蒲公英对同一元素的吸收量有所差异，常量元素中，荧光灯 FL 下各元素吸收量均为最低，其中，K、P、Mg 在 FLRB 光谱条件下吸收量最高，分别较对照 FL 提高 143.5%、54.9%、69.0%，Ca、Na 分别在纯红光 R 和红蓝混合光 RB 下吸收量最高，分别较 FL 提高 107.4%、81%；微量元素中，荧光灯 FL 下 Mn、Zn、B 元素吸收量均低于其他光谱处理，蒲公英对 Fe、Mn、Zn 元素的吸收在纯红光刺激下最强，吸收量较 FL 增长 6.15%、145.0%、139.0%，对 B 元素的吸收在 FLRB 处理下最强，吸收量较 FL 增长 38.3%。此外，光谱条件差异对 Cu 元素的吸收影响较小。

表 7-5　光谱成分对蒲公英中常量无机元素含量的影响（mg·g^{-1}，n=3）

处理	FL	R	B	RB	FLRB
K	19.94	31.14	37.74	38.54	48.54
P	6.08	6.28	6.52	7.86	9.42
Ca	8.10	16.80	14.14	11.98	11.00
Mg	2.64	4.40	4.32	4.20	4.46
Na	0.25	0.37	0.26	0.45	0.24

表 7-6　光谱成分对蒲公英中微量无机元素含量的影响（μg·g^{-1}，n=3）

处理	FL	R	B	RB	FLRB
Fe	104	110.4	102.4	85.8	101.6
Mn	108.8	266.6	250.6	123.2	134
Zn	23.3	55.7	40.7	37.9	34.5
Cu	11.2	11.4	11.2	11.8	11.4
B	42.8	49.6	43.6	44.4	59.2

光环境对蒲公英干物质累积量的影响

不同光谱条件下，蒲公英生长状况有所差异，地上部分和地下部分生物量积累见表 7-7。食用部分（茎叶）鲜重以混合光 FLRB 及单一红光 R 处理下最高，且 0.05 水平上显著高于其他处理，RB 及 FL 处理下次之，单一蓝光 B 处理下可食生物量最低。RB 处理下，S/R 值显著高于其他处理，说明该光谱条件更有利于地上部分生物量的积累，而其他 4 个处理下 S/R 值无显著性差异。此外，蒲公英全株干鲜比在 0.10 左右，各处理间差异不显著，与光谱条件无明显相关性。

表 7-7　光谱成分对蒲公英干物质积累量的影响（g·株$^{-1}$，n=3）

处理	鲜重 /（g·株$^{-1}$）		干重 /（g·株$^{-1}$）		S/R（DW）	干鲜比
	根	叶	根	叶		
FL	7.21bc	20.82c	0.61b	2.11c	3.46b	0.10a
R	11.89a	51.36a	1.25a	4.59ab	3.67b	0.09a
B	4.83c	18.61c	0.62b	1.95c	3.15b	0.11a
RB	9.04b	36.14b	0.61b	3.55b	5.82a	0.09a
FLRB	13.28a	55.81a	1.43a	5.81a	4.06b	0.10a

注：同列不同小写字母表示 0.05 水平差异显著。

光环境对蒲公英地上部分无机元素累积量的影响

由表 7-8、表 7-9 可见，蒲公英地上部分对 Ca、Na、Mn、Zn 4 种元素的积累量均在纯红光 R 下最高，而对其余 6 种元素的积累量以 FLRB 处理下最高。常量元素中，单株蒲公英地上部分对 K 元素的积累量最多，且在 FLRB 光谱条件下达到 281.99 mg·株$^{-1}$，是其他处理的 1.97~6.70 倍；Ca 积累量次之，R 光谱条件下 Ca 积累量最高达 77.10 mg·株$^{-1}$，是其他处理的 1.21~4.51 倍；微量元素中，单株蒲公英地上部分对 Mn 元素的积累最多，且在纯红光 R 下达到最大值 1223.69 μg·株$^{-1}$，是其他处理的 1.57~5.33 倍，Fe 积累量次之，在 FLRB 光谱条件下最高达 590.30 μg·株$^{-1}$，是其他处理的 1.21~4.51 倍。

表7-8　光谱成分对蒲公英中常量无机元素积累量的影响（mg·株⁻¹，$n=3$）

处理	FL	R	B	RB	FLRB
K	42.06	142.91	73.58	136.80	281.99
P	12.83	28.83	12.71	27.90	54.72
Ca	17.09	77.10	27.57	42.52	63.90
Mg	5.57	20.19	8.42	14.91	25.90
Na	0.53	1.69	0.51	1.61	1.42

表7-9　光谱成分对蒲公英中微量无机元素积累量的影响（μg·株⁻¹，$n=3$）

处理	FL	R	B	RB	FLRB
Fe	219.44	506.74	199.68	304.59	590.30
Mn	229.57	1223.69	488.67	437.36	778.54
Zn	49.16	255.66	79.37	134.55	200.45
Cu	23.63	52.33	21.84	41.89	66.23
B	90.31	227.66	85.02	157.62	343.95

　　总的来说，该研究结果表明，峰值为 660 nm 的红光有利于蒲公英对 Ca、Fe、Mn、Zn 元素的吸收，Cu 元素含量受光谱条件的影响不明显；除 Cu 元素外，蒲公英对其他 9 种无机元素的吸收均与光谱条件密切相关；蒲公英在峰值 660 nm 纯红光或荧光灯与红蓝光（蓝光峰值 450 nm）的组合光谱照射下，植株生物量及对多种无机元素的吸收量均达到最大，而在单一荧光灯下植株生物量及大部分无机元素吸收量均为最低。该研究结果为药用蔬菜蒲公英的光环境品质调控提供了一定的理论依据。

7.3

铁皮石斛光环境品质调控

铁皮石斛（*Dendrobium officinale*）为珍稀濒危药用植物，生长环境特殊，在自然环境下生长缓慢。近年来，野生资源濒临灭绝且需求量逐年增加，现有人工栽培产量和质量远远无法满足市场需求。因此，改进现有人工栽培模式，促进铁皮石斛的规模化、产业化发展，迅速提高其栽培产量和质量，将有助于实现经济效益和社会效益的统一。利用密闭式植物工厂对铁皮石斛的生理特性和生长环境进行研究是解决铁皮石斛规模化、标准化、产业化生产的基础。为此，本课题组成员鲍顺淑等（2007）在密闭式植物工厂中开展了试验研究，探讨了光照强度、光照时间和光质等光照环境对铁皮石斛组培苗生长发育的影响。

光照强度对铁皮石斛组培苗生长的影响

鲜重约 300 mg 的铁皮石斛单腋芽作为外植体在荧光灯下光照 $12 \text{ h} \cdot \text{d}^{-1}$ 的环境条件下，设置了光照强度为 37、68、92、120 $\mu\text{mol} \cdot \text{m}^{-2} \cdot \text{s}^{-1}$ 的 4 组试验区。在该可控环境下培育 92 天后，铁皮石斛组培苗的生长发育和生理活性在光照强度为 68 $\mu\text{mol} \cdot \text{m}^{-2} \text{s}^{-1}$ 时最佳，超过 92 $\mu\text{mol} \cdot \text{m}^{-2} \cdot \text{s}^{-1}$ 时呈现明显的光抑制（图 7-3）；多糖含量随着光照强度的增强而增加，超过 92 $\mu\text{mol} \cdot \text{m}^{-2} \cdot \text{s}^{-1}$ 时开始降低（图 7-4）。但是 68 $\mu\text{mol} \cdot \text{m}^{-2} \cdot \text{s}^{-1}$ 和 92 $\mu\text{mol} \cdot \text{m}^{-2} \cdot \text{s}^{-1}$ 光照强度试验区的多糖含量没有显著性差异。因此，铁皮石斛组培苗在人工光型密闭式植物工厂内培育的适宜光照强度为 60~70 $\mu\text{mol} \cdot \text{m}^{-2} \cdot \text{s}^{-1}$（图 7-5）。

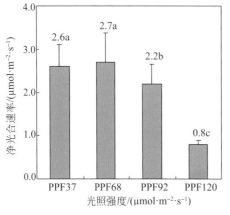

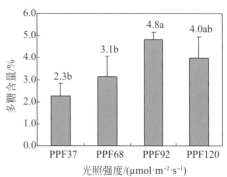

图 7-3　不同光照强度下铁皮石斛组培苗的净光合速率

图 7-4　不同光照强度下铁皮石斛组培苗的多糖含量

注：图中不同小写字母表示处理间在 $p < 0.05$ 水平差异显著。

注：图中不同小写字母表示处理间在 $p < 0.05$ 水平差异显著。

图 7-5　不同光照强度下铁皮石斛组培苗在第 12 周时的植株形态

光周期对铁皮石斛组培苗的生长的影响

鲜重约 300 mg 的铁皮石斛单腋芽作为外植体在荧光灯下光照强度为（68±9）$\mu mol \cdot m^{-2} \cdot s^{-1}$ 的环境条件下，设置光照时间为 6、9、12、15、18 $h \cdot d^{-1}$ 的 5 组试验区（图 7-6）。在该可控环境下培育 92 天后，各试验区多糖含量差异不大（图 7-7）。光照时间为 12 $h \cdot d^{-1}$ 时铁皮石斛组培苗净光合速率和叶绿素含量较高，干重和腋芽数增加较多，表现出良好的生长与繁殖能力（图 7-8）。因此，铁皮石斛组培苗在该可控环境下培育时，12 $h \cdot d^{-1}$ 的光照时间较为适宜。

图 7-6　不同光照时间下铁皮石斛组培苗的植株形态

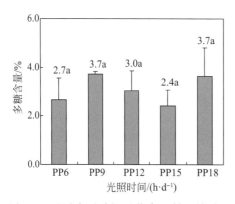

图 7-7　不同光照时间下铁皮石斛组培苗的多糖含量

注：图中不同小写字母表示处理间在 $p < 0.05$ 水平差异显著。

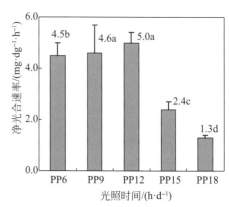

图 7-8　不同光照时间铁皮石斛组培苗的光合速率

注：图中不同小写字母表示处理间在 $p < 0.05$ 水平差异显著。

光质对铁皮石斛组培苗生长的影响

鲜重约 300 mg 的铁皮石斛单腋芽作为外植体在光照强度大致相同、光照 12 h·d^{-1} 的环境条件下，设置 LQ1（R/B/G/FR=13/3/1/8）、LQ2（R/B/G=2/1/1）、LQ3（R/B/FR=2/1/1）3 个试验区，用三基色荧光灯作对照试验区 LQ4（R/B/G/FR=10/7/15/1）。在此环境下培育 92 d 后，红光、蓝光和远红光组成的试验区 LQ3（R/B/FR=2/1/1）内铁皮石斛组培苗的鲜重、干重、叶绿素含量等都较高，表现出较好的生长能力，较为适宜其生长（图 7-9、图 7-10；表 7-10）。

图 7-9　不同光质下铁皮石斛组培苗的植株形态

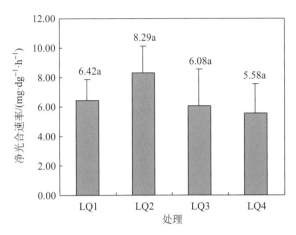

图 7-10　不同光质下铁皮石斛组培苗的净光合速率

注：图中不同小写字母表示处理间在 $p < 0.05$ 水平差异显著。

表 7-10　不同光质处理下铁皮石斛组培苗的生长发育

试验区	鲜重 /mg	干重 /mg	蘗芽数 / 个	株高 /mm	茎粗 /mm
LQ1	592±118 b	76±11 b	1.8±0.7 b	26±5 ab	2.8±0.9 a
LQ2	374±121 c	53±25 c	3.4±0.7 a	24±3 b	3.6±0.7 a
LQ3	794±164 a	80±17 a	3.1±0.9 a	29±3 a	2.7±0.5 a
LQ4	847±152 a	94±13 a	3.6±1.0 a	26±3 ab	3.5±1.1 a

注：图中不同小写字母表示处理间在 $p < 0.05$ 水平差异显著。

　　此外，娄钰姣（2016）采用 LED 光源的白光和单色光谱包括红色（625±20 nm）、蓝色（470±20 nm）、黄色（590±20 nm），以及不同光质组合在生长室培养铁皮石斛，处理时间为 90 天（表 7-11）。结果发现，在铁皮石斛生长发育的不同阶段，光环境对其次生代谢产物生物碱的影响有所差异，在处理的前 15 天内单色蓝光有利于铁皮石斛植株内生物碱含量的增加，30 天内单色黄光有利于生物碱含量增加，而 30 天后红蓝光比例为 2∶3 的光环境更有利于生物碱含量的增加，红蓝光比例为 3∶2 的处理不利于生物碱含量的增长（表7-12）。由此可见，人工光环境随药用植物生育时期的变化实时调整，可能更有利于其药效成分的积累。

表 7-11　不同光质 LED 光源的主要技术参数

处　理	光谱能量	峰值波长 /nm
R	100% 红	625
R4	红 / 蓝（4 : 1）	625+470
R3	红 / 蓝（3 : 2）	625+470
R2	红 / 蓝（2 : 3）	625+470
B	100% 蓝	470
Y	100% 黄	590
W	100% 白	720
Y1	红 / 蓝 / 黄（3 : 1 : 1）	625+470+590

表 7-12　光质对铁皮石斛生物碱含量的影响　　　　　　　　　　μg·g^{-1}

处理天数	光质							
	R	R4	R3	R2	B	Y	W	Y1
0 d	3.277	3.277	3.277	3.277	3.277	3.277	3.277	3.277
15 d	12.916	10.504	14.716	12.013	108.404	9.302	19.845	12.916
30 d	14.724	21.652	16.832	14.724	63.522	78.282	26.170	24.062
45 d	41.822	51.678	17.736	59.606	51.473	32.195	26.417	43.340
60 d	19.543	21.050	19.242	52.377	27.074	14.724	42.738	46.352
75 d	18.640	12.314	9.302	51.172	24.363	14.423	30.387	58.100
90 d	18.037	11.109	4.482	31.592	21.953	9.302	24.363	13.218

7.4

绞股蓝光环境品质调控

绞股蓝（*Gynostemma pentaphyllum*）是一种名贵药材，全株可入药。绞股蓝的关键药效成分是绞股蓝皂苷，在绞股蓝皂苷的生物合成途径中存在两种至关重要的酶即鲨烯合成酶（SS）和角鲨烯环氧酶（SE）。Wang 等（2018）在植物生长箱中采用无土栽培进行绞股蓝幼苗栽培试验，并利用 LED 光源进行红光（625±20 nm）、蓝光（470±20 nm）和白光的对比研究。结果发现，LED 红光显著提高了植株中绞股蓝皂苷的含量，进一步运用 qRT-PCR 分析证实了红光显著促进了 SS 和 SE 在绞股蓝植株中的基因表达（图 7-11）。由此可见，光控手段是提高绞股蓝药效成分的有效途径之一。

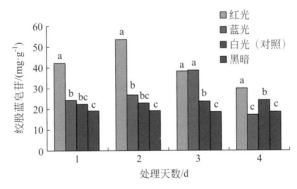

图 7-11 连续 4 d 中不同光质处理下植株绞股蓝皂苷的总含量
注：图中不同小写字母表示处理间在 $p < 0.05$ 水平差异显著。

7.5 金线莲光环境品质调控

金线莲（*A. formosanus Hayata*）是我国传统的珍贵药材，在民间素有"金草""神药"等美称。金线莲全草均可入药，黄酮是其主要的药效成分之一。郑连金等（2016）在人工气候室中进行金线莲种植试验，通过对比 4 个光照强度即 10 μmol·m^{-2}·s^{-1}、30 μmol·m^{-2}·s^{-1}、60 μmol·m^{-2}·s^{-1}、90 μmol·m^{-2}·s^{-1} 下金线莲植株生长及次生代谢产物积累的情况发现：10 μmol·m^{-2}·s^{-1} 的光强条件下，金线莲植株体内总黄酮含量最高，30 μmol·m^{-2}·s^{-1} 的光强最有利于金线莲生物量的积累，而 60 μmol·m^{-2}·s^{-1} 的光强条件可诱导金线莲产生次生代谢产物异鼠李素（图 7-12，图 7-13；表 7-13）。

图 7-12　人工环境下金线莲栽培

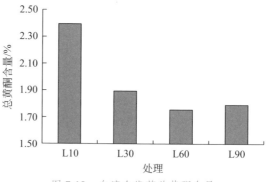

图 7-13　台湾金线莲总黄酮含量

表 7-13　不同光照条件下台湾金线莲生理指标对比

处理	叶面积 /mm²	株高 /cm	鲜重 /mg	干重 /mg	干鲜比 /%
L10	963b	8.26b	995c	103d	10.4
L30	1167a	8.57a	1184a	140a	11.8
L60	986b	7.97c	1043b	126b	12.1
L90	850c	7.90c	936d	121c	12.9

注：图中不同小写字母表示处理间在 $p < 0.05$ 水平差异显著。

课题组成员利用红光、蓝光、红蓝光、白光、紫外光 5 种光质培养金线莲，光照强度均为 35 μmol·m^{-2}·s^{-1}，光期 14 h/d，研究不同光质下金线莲的长势以及总黄酮含量。结果表明：蓝光处理下金线莲植株气生根最发达、植株平均叶面积和干重最大（图 7-14）。金线莲总黄酮含量也以蓝光处理下最高，达到 12.1 mg·g^{-1}（DW）（图 7-15）。该研究结果表明蓝光有利于金线莲植株气生根生长、叶片发育以及总黄酮的生成和积累。

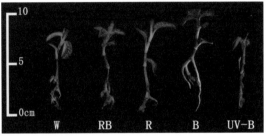

图 7-14　植物工厂培养 60 天后，不同光质下金线莲的长势

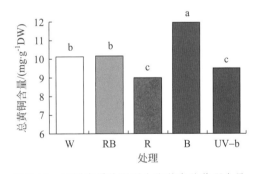

图 7-15　不同光质处理下金线莲中总黄酮含量

注：图中不同小写字母表示处理间在 $p < 0.05$ 水平差异显著。

7.6

丹参光环境品质调控

丹参（*Salvia miltiorrhiza Bge.*）为唇形科鼠尾草属植物，是我国传统的常用中草药，其有效成分主要为丹参酮 Ⅱ A 和丹酚酸 B。梁宗锁等（2012）在人工培养箱中以 300 µmol · m^{-2} · s^{-1} 总强度、16 h 光期的光环境培养丹参，设置 3 种不同的光质分别为 300 µmol · m^{-2} · s^{-1} 白光、150 µmol · m^{-2} · s^{-1} 白光 +150 µmol · m^{-2} · s^{-1} 蓝光、150 µmol · m^{-2} · s^{-1} 白光 +150 µmol · m^{-2} · s^{-1} 红光。结果表明，丹参生长及有效成分积累受光质的影响显著，与同等光强度的白光相比，增加红光的处理使丹参根长、根直径、根鲜重和干重均显著增加，同时丹酚酸 B 含量在补充蓝光与补充红光后均显著提高（表 7-14）。

表 7-14 不同光质处理对丹参种子直播与根栽苗根系有效成分含量的影响 %

处理	种子直播		根栽苗	
	丹参酮 Ⅱ A	丹酚酸 B	丹参酮 Ⅱ A	丹酚酸 B
白光对照	0.24a	3.18b	0.10a	1.93b
补充蓝光	0.27a	4.21a	0.11a	2.37a
补充红光	0.24a	3.80a	0.09a	2.21a

注：图中不同小写字母表示处理间在 $p < 0.05$ 水平差异显著。

紫苏光环境品质调控

紫苏（*Perilla frutescens*），为唇形科一年生草本药用植物，可作蔬菜食用，有特异的芳香。紫苏醛、柠檬烯、花青素均为紫苏的药效成分。Nishimura 等（2009）在生长箱中以 200 μmol·m^{-2}·s^{-1} 强度的总光强培养紫苏植株，设置 6 种不同的光环境，分别为纯蓝光（B）、纯绿光（G）、纯红光（R）、蓝绿混合（BG）、红蓝混合（BR）、红绿混合（GR），各光处理下光谱分布见表 7-15。结果表明，纯绿光处理下，紫苏叶片中紫苏醛和柠檬烯含量（mg·g^{-1} 叶片干重）最高，分别为含红光处理（BR、GR、R）的 1.6~1.9 倍和 1.5~1.9 倍，紫苏叶片中花青素含量在纯红光处理下最高（表 7-16）。然而，纯绿光不利于紫苏叶片生物量的积累，含红光的处理（BR、GR、R）中叶片干物质累积量均高于其他处理（表 7-17）。因此，绿光和红光环境可根据生产目的进行调节和切换，如果用于紫苏醛、柠檬烯、花青素等有效成分提取时考虑有红光的光环境培养，而用作蔬菜直接食用时，可进行适当的绿光培养。

表 7-15　不同光处理下的光谱分布

处理	光强 /（μmol·m^{-2}·s^{-1}）				
	300~400 nm	400~500 nm	500~600 nm	600~700 nm	700~800 nm
B	1.1	153.0	36.3	10.7	2.5
BG	1.9	95.8	88.0	16.2	1.9
G	2.5	29.4	148.9	21.7	0.9

续表

处理	光强 /（μmol·m⁻²·s⁻¹）				
	300~400 nm	400~500 nm	500~600 nm	600~700 nm	700~800 nm
BR	1.0	68.4	37.6	94.0	11.6
GR	1.6	20.0	79.8	100.2	11.3
R	1.0	14.2	39.1	146.7	17.5

表7-16　不同光处理21 d后（播种后49 d）紫苏叶片中紫苏醛、

柠檬烯以及花青素的含量 /（mg·g⁻¹ 干重）

处理	紫苏醛	柠檬烯	花青素
B	4.47a	0.53ab	2.41b
BG	3.76ab	0.50abc	2.39b
G	4.90a	0.58a	2.00b
BR	3.09b	0.38bcd	3.07a
GR	2.89b	0.33cd	3.25a
R	2.64b	0.31d	3.42a

注：图中不同小写字母表示处理间在 $p < 0.05$ 水平差异显著。

表7-17　不同光处理21 d后（播种后49 d）紫苏植株的生长情况

处理	干重 /（g·株⁻¹）		叶面积 /cm²	真叶数量
	叶子	茎		
B	0.98b	0.15b	524.7b	32.9c
BG	1.07b	0.14b	567.6b	30.6c
G	0.62c	0.07c	391.8c	21.5d
BR	1.74a	0.28a	814.8a	42.8a
GR	1.57a	0.26a	796.2a	39.5ab
R	1.66a	0.30a	837.9a	38.6b

注：图中不同小写字母表示处理间在 $p < 0.05$ 水平差异显著。

7.8

罗勒光环境品质调控

罗勒（*Ocimum basilicum* L.），是唇形科罗勒属药食两用的芳香植物，全草入药。Fernandes 等（2013）等研究了不同光照强度（4，7，11 mol·m^{-2}·d^{-1} 和 20 mol·m^{-2}·d^{-1}）下罗勒植株精油单株产量的变化，结果表明，罗勒植株精油含量随光照强度的变化不大，但精油的单株产量与光照强度呈良好的线性关系（图 7-16）。

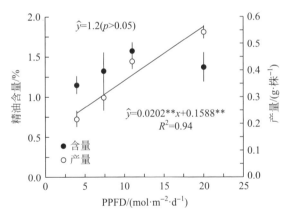

图 7-16　不同光照强度下罗勒叶片干样中精油含量（%）和产量（g·株$^{-1}$）；**$p \leqslant 0.01$，t 检测，n=10

7.9

甘草光环境品质调控

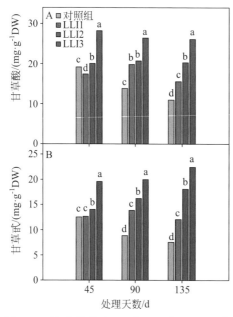

图 7-17　低光强胁迫 45 天、90 天、135 天后甘草根部甘草酸 A 和甘草苷 B 含量。对照组 = 自然光，LLI1=200 µmol · m^{-2} · s^{-1}，LLI2=100 µmol · m^{-2} · s^{-1}，LLI3=50 µmol · m^{-2} · s^{-1}

注：图中不同小写字母表示处理间在 $p <$ 0.05 水平差异显著。

甘草（*Glycyrrhiza uralensis Fisch*），豆科甘草属多年生草本植物，是一种补益中草药。甘草酸、甘草苷、甘草黄酮和甘草甜素等是甘草的主要有效成分。Hou 等（2010）以 200、100 µmol · m^{-2} · s^{-1} 和 50 µmol · m^{-2} · s^{-1} 的光强度在生长箱中培养甘草植株 135 天，结果表明，低光强度（50 µmol · m^{-2} · s^{-1}）最有利于甘草根部甘草酸和甘草苷含量的增加，然而低光强度（50 µmol · m^{-2} · s^{-1}）下甘草根部生物量干重最低（图 7-17，图 7-18）。经计算，单株甘草酸和甘草苷累积量均在光强度 100 µmol · m^{-2} · s^{-1} 下最高。因此，根据生产目的可选择不同的调光策略，若为提取有效成分可选择中强度光照，若为直接药用则可选择低光照强度培养。

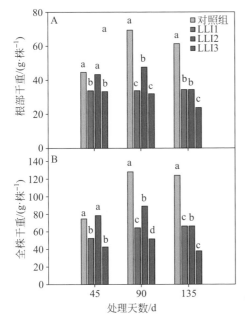

图 7-18　低光强胁迫 45 d、90 d、135 d 后甘草根部（A）和全株干重（B）。对照组＝自然光，LLI1=200 μmol·m⁻²·s⁻¹，LLI2=100 μmol·m⁻²·s⁻¹，LLI3=50 μmol·m⁻²·s⁻¹

注：图中不同小写字母表示处理间在 $p < 0.05$ 水平差异显著。

第八章

典型案例介绍及
成本分析

8.1

植物工厂应用情况概述

近年来，植物工厂在中国呈现快速发展的势头，据不完全统计，截至2018年年底，中国实际运行且有一定规模的人工光植物工厂约200余座，主要分布在广东、北京、上海、浙江、江苏、山东、陕西、福建等地，其中栽培面积超过20000 m² 的植物工厂有两座，一批知名企业如富士康、三安、京东等也纷纷加入植物工厂行列，有力地推动了中国植物工厂产业的发展。随着我国社会经济的快速发展以及城市化进程的加快，植物工厂仍将会得到更快的发展。本章重点介绍几个典型的人工光植物工厂案例，并通过两个人工光植物工厂的建设与运行实例对相关成本进行系统分析，为植物工厂建设与高效生产提供参考。

8.2

植物工厂典型案例

8.2.1　浙江星菜植物工厂

星菜植物工厂位于浙江省江山市，由香港联交所上市企业——同景新能源集团旗下的浙江星菜农业科技有限公司投资建设，中国农业科学院等单位提供技术支持。该植物工厂项目分两期建设完成，一期项目的栽培面积为 400 m²，采用智能 LED 调光、可移动式立体栽培架等核心技术；二期项目的栽培面积为 5600 m²，最显著的特征是其竖向栽培层数达 20 层（见图 8-1 所示），为国内外率先实现栽培层数达 20 层的人工光植物工厂。

图 8-1　浙江星菜植物工厂（左为一期项目，中、右为二期项目）

通过与中国农业科学院、复旦大学等科教单位的密切合作，系统攻克了竖向空间 20 层以上植物工厂在立体栽培与环境管控等方面的重大技术难题，研制出内嵌于立体栽培架的水循环冷却系统、光谱可调的智能 LED 调光系统、竖向空间均匀通风系统、超高层营养液自动循环系统以及基于网络的智能化管控系统等具有自主知识产权的核心技术产品，生产的洁净安全蔬菜产品在浙江、上海等地销售，为植物工厂产业发展进行了有益的尝试。

8.2.2　福建中科三安植物工厂

2015 年 12 月，作为中国 LED 芯片龙头企业的福建三安集团与中国科学院植物研究所合作，共同发起成立"福建省中科生物股份有限公司"，发挥各自的优势与特长，建设中科三安总部、植物工厂研究院和中科三安产业化基地3大核心项目，致力于植物工厂产业化科技创新和植物化合物创新药物开发，并在全球范围内布局植物工厂研究和产业化基地。

2016年6月，占地面积为3000 m² 的3层式建筑、栽培面积超过10000 m²、国际上单体面积最大的植物工厂正式建成投产，日产叶类蔬菜2.5 t以上，产品销往厦门、福州和泉州等地超市。2017年7月，首条金线莲生产线正式投产，可根据金线莲的生长特性，采用专用光配方和基质配方、创新环控模式及生产流程进行生产，年产金线莲干品达7 t以上（图8-2所示）。2018年6月，中科三安二期项目落成，基于AI人工智能的自动化垂直农业生产系统正式投入使用（图8-3）。二期厂房占地5000 m²，蔬菜日产量可达8~10 t。围绕植物工厂产业化应用，中科三安相继开发出模块式整合栽培系统（图8-4所示）、基于光配方的植物生产专用灯具以及6大类蔬菜专用营养液，获批/申报专利260余项，其中PCT国际专利和发明专利超过60%。中科三安除进行高品质安全蔬菜生产及装备研发外，还在尝试进行金线莲、石斛、医用大麻等多种名贵中草药材的种植示范，有效拓展了人工光植物工厂的应用范围。

图 8-2　中科三安植物工厂模块式整合栽培系统

图 8-3 中科三安植物工厂金线莲与食用花卉生产

图 8-4 基于 AI 的自动化智能植物工厂

中科三安植物工厂产品实现了向国际输出，目前已在美国内华达州拉斯维加斯投资建成了 20 000 m² 的生产基地，同时计划推广到新加坡、中东等地，已经成为我国植物工厂商业化应用与推广的重要企业。

8.2.3 深圳富士康植物工厂

富士康源康植物工厂位于深圳市富士康总部，是由废弃的工业厂房改造而成，种植区共划分为 7 个区，分别为南一、南二、南三、北一、北二、北三、北四等区域，每个区域相互独立，彼此互不影响。该植物工厂竖向栽培层一部分为 13 层、一部分为 14 层，栽培总面积达 23 000 m² 以上，主要种植叶用蔬菜以及药用植物和功能性植物等，种类达上百种，日产量达 2.5 t，为亚洲日产蔬菜最高的植物工厂之一（图 8-5）。

图 8-5　富士康植物工厂及其内部设施

　　深圳富士康植物工厂的显著特征是其利用废弃的工业厂房改造而成，使植物工厂的外围护结构成本大大降低。同时，利用其在电子信息与智能控制领域的技术优势，研制出多项独具特色的核心技术产品。所使用的人工光源是其根据不同植物生长所需的光配方开发出的专用 LED 光源，无效光谱少、发热量小，较传统荧光灯节能 70% 以上，寿命达 10 年以上；采用超微细气泡技术，使营养液内部充满丰富的气体，由于气泡直径小，每 1 mL 液体内含有 1 亿颗气泡，在静置状态下气泡可维持 19 h 以上，蔬菜根部始终浸泡在富含氧气的营养液中，避免了青苔及杂菌的滋生，使植物生长更加健康；采用微生物发酵液态肥进行种植，使用天然、纯净有机原材料，如黄豆、米糠、砂糖、草木灰、蚵壳等，配上有益菌发酵，形成专用有机营养液。同时，依据蔬菜不同的生长阶段配制出专用液态发酵肥，不仅能显著增强蔬菜抵抗病虫害能力，而且还可增加蔬菜营养品质及口感。

8.2.4　陕西旭田植物工厂

旭田植物工厂位于陕西省西安市，由陕西旭田光电农业科技有限公司投资建设。该公司成立于 2013 年 3 月，主要从事全人工植物工厂、LED 植物光源及其相关技术研发等业务，并建成了 LED 植物工厂设备和植物生长柜的生产线，年产能可达 2 万 m² 以上（图 8-6）。截至 2018 年年底，已在江苏、上海、重庆、广东、陕西等地陆续建成全人工光植物工厂 20 余家，并实现在辽宁舰，以及新疆、西藏等高海拔边远地区的部队推广。

图 8-6　陕西旭田光电植物工厂及其内部栽培设施

陕西旭田植物工厂的主要特征是采用自主研发的矩阵模组植物 LED 照明系统、多层立体深夜流栽培系统等核心技术，通过可编程控制器和人机界面的软硬件系统实现对植物工厂内部温度、湿度、二氧化碳浓度、光照强度、灌溉周期、通风周期等参数的控制，有效调节植物工厂光、温、水、气、肥等环境要素，实现对系统的智能化管理。

8.2.5　低碳·智能·家庭植物工厂

　　"低碳·智能·家庭植物工厂"是上海世博会期间应组委会的要求，设计出的一款描绘 2020 年以后都市家庭生活的新业态，即在自己家的厨房、客厅、阳台等空间采用植物工厂生产方式自产自食，既体会种植的乐趣，又可生产出洁净安全的蔬菜产品，一举多得（图 8-7）。低碳·智能·家庭植物工厂最早由中国农业科学院、北京中环易达设施园艺科技有限公司研发成功，总体种植面积约为 5 m^2，设计有三层立体栽培空间，所用光源全部采用白光 LED；蔬菜种植在多功能（MFT）水耕栽培床上，由自动控制系统定时进行营养液的循环与供给；系统内的温度、湿度、光照、风速等环境要素可通过计算机系统进行智能调控；同时，物联网的功能也设计在植物工厂系统中，人们可以通过手机、笔记本电脑或 PDA 终端等工具，在任何地点利用互联网平台随时了解蔬菜长势，调整控制参数，实现远程监控与管理。

图 8-7　低碳·智能·家庭植物工厂

"低碳·智能·家庭植物工厂"第一次把家居生活与植物工厂连接起来,为家庭生活增添了无穷的乐趣和多姿的色彩。一方面通过自己的亲自参与体验,在家里就可生产出绿色、洁净、安全的蔬菜产品,达到修身养性、陶冶情操的目的;另一方面还能利用植物的光合作用调节家居环境,植物在光合过程中可吸收大量的二氧化碳、释放出氧气,达到自然调节人居环境、创造"天然氧吧"的目的。这种家庭植物工厂在上海世博会展出后,引起社会的广泛关注,近年来先后出现了数十种模式的家庭植物生产装置,为植物工厂与家居生活的结合做出了重要贡献。

8.2.6　浙江衢州中恒 LED 育苗工厂

浙江衢州中恒 LED 育苗工厂由衢州中恒农业科技有限公司自主投资完成,占地面积为 2300 m^2,采用四层立体育苗架和 LED 光源进行人工光工厂化育苗,年产蔬菜种苗 1000 万株以上(图 8-8)。根据植物种苗对环境与营养的需求,由智能控制系统精确调控室内的温度、湿度、光照以及营养要素,实现辣椒、茄子、黄瓜、西瓜、南瓜等 10 多种蔬菜种苗的高效生产。所培育的蔬菜种苗生长周期短、根茎粗壮,不受气候限制,成苗时间可以精确到以天为单位,成本约为种子费用加上 0.2~0.3 元 / 株,目前已在多个蔬菜产地推广应用。

图 8-8　浙江衢州中恒 LED 育苗工厂

8.3 人工光植物工厂成本分析

植物工厂建设成本与运行成本控制是能否取得经济效益的关键，为此，本节将以重庆潼南人工光植物工厂和北京正恒源真植物工厂两个正在运行的植物工厂案例对建设与运行成本进行详细分析，为读者提供借鉴与参考。

8.3.1 重庆潼南人工光植物工厂成本分析

重庆潼南人工光植物工厂位于重庆市潼南区潼南国家农业科技园内，该植物工厂由陕西旭田光电农业科技有限公司投资建设，项目占地面积为 6600 m²，包括 1000 m² 的全人工植物工厂、5600 m² 的配套停车场和绿化带（图 8-9）。植物工厂由 4 间叶菜室、2 间育苗室，以及相应的体验室、设备间、培训室、接待大厅、参观通道等功能室组成。

图 8-9　潼南植物工厂

建设成本分析

潼南植物工厂于 2017 年 10 月开工建设，同年 12 月底完成钢结构厂房建造，2018 年 1 月完成水电安装和内部装修，2018 年 3 月完成设备安装、调试，并开始试运营，其建设及设备成本信息如表 8-1 所示。

表 8-1　潼南人工光植物工厂建设及设备成本信息表

重庆潼南植物工厂土建与设备明细						类别	本类别占比 /%	总占比 /%
序号	类别	项目建设内容	规格	单位	数量	合计价格 / 元		
1	土建	土建及钢结构工程	土建、基础、钢结构、彩钢板、玻璃幕墙	m²	846.62	2 300 000	82.17	33.25
2		给排水安装工程	给水系统、排水系统	m²	846.62	19 000	0.68	0.27
3		电气安装工程	照明、插座、开关、电缆布线施工	m²	846.62	180 000	6.43	2.60
4		装饰工程	隔墙、天花、地面处理、门窗、水电	m²	846.62	170 000	6.07	2.46
5		配套办公用房	砖混结构	m²	70	130 000	4.64	1.88
6		合计				2 799 000	100.00	40.46
7	设备	栽培装置	育苗、催芽、生长	套	1	3 159 980	76.72	45.68
8		控制系统	含布线工程	套	1	170 580	4.14	2.47
9		植物工厂系统软件		套	1	500 000	12.14	7.23
10		环境控制系统	空调、通风设备	套	1	216 743	5.26	3.13
11		水处理系统	净水设备、供水系统	套	1	35 374	0.86	0.51
12		检测设备	EC、溶氧、pH、温湿度、天平、电子秤	套	1	2 500	0.06	0.04

续表

重庆潼南植物工厂土建与设备明细						类别	本类别占比 /%	总占比 /%
序号	类别	项目建设内容	规格	单位	数量	合计价格 / 元		
13	设备	种植器具、种植器具	移苗架、转运车、清洗水槽	套	1	15 000	0.36	0.22
14		培训、体验设施及器具	投影仪、电视、展板、铜牌办公桌椅组合、升降桌椅、电视柜等	套	1	18 500	0.45	0.27
15	合计					4 118 677	100.00	59.55
16	总计					6 917 677		100.00

注：表中"本类别占比 /%"与"总占比 /%"两列具体数据保留到了小数点后两位，因四舍五入原因，这两列数据加和后可能不是准确的 100%。

建设成本中土建及钢结构工程占比为 33.25%，栽培装置占比 45.68%，这两项是主要部分，占建设成本比例最大。植物工厂系统软件占比 7.23%，环境控制系统（空调、通风设备）占比 3.13%。其他占比相对较少，如电气安装工程、装饰工程、配套办公、控制系统工程等占比在 1.5% ~ 3.0%。

运行成本分析

潼南植物工厂经过一段时间的运营后，其主要运行费用包括电费、人工费、水费、耗材费、包装运输费等。总运行费用中，人员管理占 28.9%，能耗费用占比为 27.4%，生产耗材占比为 15.8%，包装、运输占 27.9%。详见表 8-2。

表 8-2　潼南植物工厂总运营费用及占比

分类	月费用 / 元	占比 /%
人员管理	25 500.0	28.9
能源消耗	24 043.0	27.4
生产耗材	13 948.0	15.8
包装、运输	24 624.0	27.9

系统能耗中 LED 植物照明灯具的能耗占比为 58.2%，空调能耗为 24.3%，其他设备能耗为 9.9%，详见表 8-3。

表 8-3　潼南植物工厂能耗与水气费用及占比

分类	占比 /%
空调能耗	24.3
LED 植物照明能耗	58.2
其他设备能耗	9.9
用水总费用	0.3
气体	7.3

LED 灯具和空调能耗占到总能耗的 82.5%，因此提高植物 LED 光源的光效，降低光源能耗，同时提高空调能效比，对植物工厂节能降耗和未来的发展都具有十分重要的意义。

8.3.2　北京正恒源真植物工厂成本分析

正恒源真（北京）农业科技有限公司是一家致力于全环控人工光植物工厂生产和运营的高技术企业，主要生产食品级的叶菜、香料等，拥有专业的种植研发和营销团队，以及广泛的市场推广渠道。正恒源真植物工厂产品系列丰富，包括了沙拉菜、香料香草、芽苗菜和功能性稀特蔬菜等，重点面向航食企业、净菜企业、中央厨房、高端中西餐厅、星级酒店等用户。为配合向首都国际机场的航空食品企业供货，2019 年初在北京顺义后沙峪投资数百万元建设了全环控人工光植物工厂。

在北京顺义建设的正恒源真植物工厂占地 500 m²，栽培面积 1150 m²，由中国农业科学院环发所提供技术指导。项目于 2019 年 3 月启动，6 月完成施工，7 月初完成调试并开始投产运营。植物工厂由旧厂房改造而成，按照十万级净化车间标准设计施工，并获得国家级认证十万级洁净厂房静态及动态检测报告，配套建有育苗间、冷藏室、中控室、更衣室、储藏间及办公区域等设施。环控系统配备新风辅助降温功能，通过低温季节的光－温耦合充分利用室外新风冷量，可以有效降低空调运行能耗。工厂日产高端即食沙拉蔬菜 250 kg，厂房由 3 个分区组成，每个分区配备独立的营养液循环系统，实现营养液自动补水、调配、消毒和循环。栽培架采用 6 层 EPP 栽培槽，选用多功能二氧化碳发生器燃烧液化气来增加气肥，使用带孔直流风管进行层架间通风，保证环境温湿度及二氧化碳的均匀一致。

通过对正恒源真植物工厂建设成本与运行成本的详细分析（表 8-4、表 8-5、图 8-11），结合产量分析计算，每千克生菜生产成本为 21.19 元人民币。

表 8-4　正恒源真植物工厂要素信息

植物工厂占地面积 /m²	500
场地年租金 / 元	178 500
种植架层数	6
5 模组数量 / 组	10
5 模组单层有效生产面积 /m²	4.32
5 模组有效生产面积 /m²	25.92
8 模组数量 / 组	2
8 模组单层有效生产面积 /m²	6.912
8 模组有效生产面积 /m²	41.472
13 模组数量 / 组	12
13 模组单层有效生产面积 /m²	11.232
13 模组有效生产面积 /m²	67.392
有效生产总面积 /m²	1150.848

表 8-5 正恒源真植物工厂成本分析表

成本类别	每天生产成本 / 元	占比 /%
LED 照明用电	1190.81	22
空调及其他用电	1406.00	26
种植耗材	540.72	10
人工	600.00	11
生产耗材及维修	50.00	1
场地租金	479.45	9
厂房折旧	1095.89	21
每天成本合计	5362.88	100

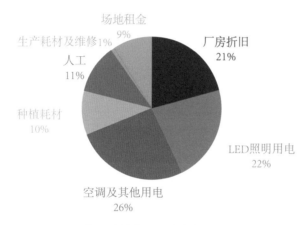

图 8-11 正恒源真植物工厂成本各部分占比分析图

第九章

植物工厂建设与设计要点

植物工厂设计的科学性、合理性、可行性直接关乎到系统运行的资源利用效率、产出效率、投入产出比以及发展的可持续性等，同时还决定着投资经营者能否取得预期的效果及盈利能力，因此从设计层面来看应考虑如何进行合理定位、降低建设成本、减少能源消耗、提高资源效率与产品质量等要素，为实现高效生产提供基础保障。本章主要围绕人工光型植物工厂建设目标与长远定位的总体要求，阐述其建设与设计的核心要点。

9.1 前期调研与基础准备

由于人工光型植物工厂初期投资大、运行成本高，投资者在建设前期进行必要的调研分析与基础准备显得尤为重要，以便更好地确定主栽品种及功能定位、优化商业模式以及进行相关基础能力的储备等。

9.1.1 品种选择与功能定位

植物工厂系统各构成要素（如栽培架层数、栽培层间距、光源功率、光配方配置、营养液池容积、电机循环泵功率、热泵功率等）的最优化配置与栽培作物的品种、生产规模等密切相关，而这些要素的确定又直接影响前期投入及后期运行效率。

目前，植物工厂按其用途不同分为三种主要类型：以盈利为目标的生产型植物工厂；以开展植物光生物学或植物组织/细胞甚至表型等相关研究为目标的科研型植物工厂；以科普教育、技术推广或观光休闲为目标的示范型植物工厂。

在主栽品种的选择上，生产型植物工厂应选取弱光型、栽培周期短、能够实现高密度且具有较好经济价值的种类，如叶菜、香草类、药用草本植物、小型根菜（如小萝卜）、小型高档花卉、矮型果类（如草莓）、芽菜类、种苗等。不宜选取需光量高、生长周期长、株型高大的植物，如茄果类蔬菜等。该型植物工厂通常投资和运行成本较大，能否获取经济效益是其关注的重点。

科研型植物工厂多用于科教单位的试验研究，如光生物学、光配方、节能栽培、植物表型及智能控制装备软硬件研发等，可根据实际科研目标确定种植品种及规模，重点应考虑试验设计的环境调控精度、各处理之间（栽培架或者隔离的生长室）非试验因素的平行性以及试验重复的空间隔离设计要求等，面积通常较小，但设备规格高，控制精度高，可靠性强，单位面积投资额大。

示范型植物工厂主要用于科普教育、休闲观光和展示示范等，种植品种和生产规模主要以观光展示效果为目标进行设计。为满足各类植物工厂的目标要求，建设单位应进行合理的功能定位和品种选择，不可盲目提高或降低建设标准。

9.1.2 商业模式及市场定位

以盈利为目标的生产型植物工厂对投资与运行成本及市场需求更为敏感，要实现盈利，一方面要尽可能降低生产成本，另一方面要找准产品的市场定位，深度挖掘产品价值，构建有效的商业模式。在建设启动前，应实施充分的市场调研和精确的成本效益核算，并结合当地的消费水平和市场偏好进行栽培品种的选择，最好能够在投入生产前明确买方需求，有针对性地进行建设与生产。同时还应明确产品的运输、销售模式以及产销对接渠道等，以保障产销链环节果蔬产品的品质和价值。

9.1.3　前期基础能力储备

植物工厂是设施农业发展的高级阶段，综合集成了材料工程、光电技术、无土栽培、智能机械、自动化控制等诸多领域的技术成果，对管理人员要求较高。相关人员除具有无土栽培技术经验外，还应具有植物生理以及环境调控等相关知识，能够及时发现植物反常现象并对光温环境等参数做出正确调整；投资植物工厂的企业最好具有一定工业加工能力，争取在外维护结构、人工光源、栽培系统及配套工程等前期建设与施工方面有一定的自主加工与维护能力，尽量减少投资成本，提高产品市场竞争力。

建设要点

9.2.1　建筑物选址

为了维持植物工厂内设定的环境参数，杜绝外界病虫害侵入，保证产品的高品质与均一性，人工光植物工厂宜选用不透光的隔热材料将内部环境与外界隔离起来。由于系统相对封闭，建筑物不会受空间走向（东西／南北）、所处位置（地上／地下／楼顶）等要素的限制，在选址上具有较大的随意性。目前国内外植物工厂的建筑物一部分为专门建造，也有一部分为利用已有建筑物或设施改造而成（如图 9-1 地下停车场改造的植物工厂）。以盈利为目的的生产型植物工厂在选址上应考虑土地租金，尽量利用已经建成的封闭空间加以改造，以减少初期基建成本；以科研为目的的植物工厂在选址上应着重考虑与样品化验分析室的距离，以便后期鲜活植物样本的取样及时性和测试化验准确性等；以示范与观光为目的的植物工厂，其选址主要考虑与其他示范观光项目的配套，尽可能放置在相对核心的位置（图 9-2，中国农业科学院国家农业科技创新园放置在入口区）。

图 9-1　地下停车场改造型植物工厂　　图 9-2　中国农业科学院国家农业科技创新园

9.2.2　布局与工艺

植物工厂通常采用双层结构做外维护，外层一般为保温层，采用防火保温板材搭建，内层通常采用洁净板。有参观需求的植物工厂，可以在适当的位置设置玻璃观测窗，但面积不宜过大，同时应尽量采用双层保温玻璃，以减少内外热量交换，降低空调热负荷。

在内部结构布局上，植物工厂一般划分为更衣室（准备室）、风淋室、控制室、设备间、育苗室、栽培室、采收包装区、储存区及清洗消毒区等功能区（图9-3），各个功能区的区域大小可依据实际生产需要决定，各功能区均需达到一定的洁净度及空气压力，杜绝外部污染物进入，确保农药零使用。

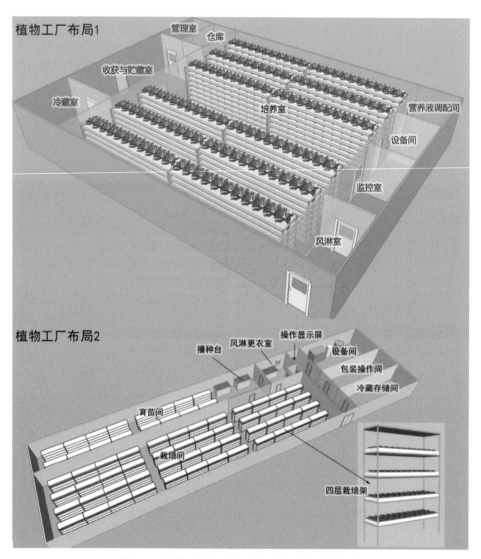

图 9-3　植物工厂的两种布局形式及其系统组成

人工光植物工厂的基本工艺流程包括：播种、催芽、育苗、定植、栽培、收获、包装与贮藏、上市等，各个环节的工艺周期依作物种类而不同，以生菜为例，整个工艺流程周期约为 46 天（表 9-1）。

表 9-1　植物工厂生菜生产工艺流程

工艺环节	功能区 / 操作室	耗时 /d
催芽、播种	育苗室	3
育苗	育苗室	16
定植、栽培	栽培室	25
收获、包装	采收包装区	1
储藏	储存区	0.5
上市	—	0.5

9.2.3　人工光源系统设计

作为植物生长的唯一能量与信号源，人工光源是植物工厂系统设计至关重要的部分。目前植物工厂主要采用的人工光源为 LED，具有发热少、光配方精确可调控、安装适配模式多样、寿命长、光衰缓慢等优点，能够根据生产目的和栽培品种的需要进行灵活定制。LED 光源的应用形式有灯管（图 9-4、图 9-5）、点阵（图 9-6）以及灯板条（图 9-7）等。在生产型植物工厂中，所用光源主要由基于光配方的多光谱 LED 组合（图 9-4）或荧光粉调配（图 9-5）

图 9-4　多光谱 LED 组合灯管　　　　　图 9-5　荧光粉激发 LED 灯管

而成，光谱固定后不易调整，但成本较低，操作维护和更换简便。在科研型植物工厂中，一般采用多光谱 LED 芯片组合光源，可根据试验需求任意调节光谱成分与光强（图 9-6、图 9-7）等，投资成本较高，且不易更换。示范型植物工厂可根据展示需要使用上述光源中的一种或多种。

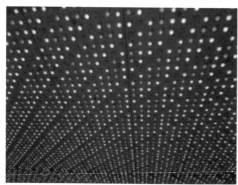

图 9-6　试验型 LED 组合光谱灯板　　　　图 9-7　试验型 LED 灯板条

在科研型植物工厂中，LED 光源光配方的调控有简单和复杂两种模式。简单的调控模式一般依赖于微电脑时控开关和调光器（图 9-8）；复杂模式采用汇编语言进行专门的程序编写，如图 9-9 所示的光配方控制系统采用 Win7 + .Net Framework 3.5，通过主控板发送执行命令，对不同空间位置的 LED 光源进行批量设置，运用该软件设定的光配方参数包括光质组合、每种单一光质的光强、每种单一光质的运行周期以及不同光质的交替周期等，而且还可以实现不同光配方在脱机环境下的切换。

图 9-8　LED 光源光配方简易调控模式

图 9-9　LED 光源光配方软件调控模式

LED 光源耗电约占植物工厂电能消耗的 60% 以上，因此应综合考虑光源节能及系统配置。植物工厂系统的光源布线不仅影响到后期实际工作功率，而且还与电路安全息息相关。在系统配置前，要计算好人工光源的最大总功率，总用电量应低于所配电线的安全载流量，同时还应根据栽培架的空间分布位置和 LED 光源的组数预留出合理的光源控制线及电源线接入口。多光质芯片组合式 LED 光源应注意各灯珠的排列密度与发光角度，使下方照光面上不会出现明显的不同波长光斑。

9.2.4　节能环控系统设计

尽管 LED 光源光电转化效率较传统光源有了很大的提升，但仍然有一大部分电能转化成热量散发到室内，因此需要采用空调进行不间断调温。植物工厂系统设计中，需要根据室内人工光源总量计算系统总热负荷，然后选择适宜功率和制冷量的热泵机组；此外，为了使植物工厂内温湿度均匀，需要采用循环风机使室内空气不停地流动，在设计时需根据植物工厂的规模确定适宜的循环风机及其送风方式。由于电能消耗的很大一部分用于环境调控，因此在设计中需充分考虑节能技术的应用，通过选择能效比较高的调温方式，精确计算制冷量，合理选配空调机组，实现系统节能。

室外自然冷源的合理利用是实现空调节能的重要手段，在设计空调系统时应根据当地气候条件，在原有闭环风道的基础上，增设一组可控流量的外循环支路，通过引进室外新风调节植物工厂温湿度环境，以达到节能的效果（图9-10）。需要注意的是，此种设计增加了植物工厂内外空气的交换，提高了外界污染物侵入的可能性，必须在外循环支路上安装良好的过滤系统，同时需要定时清洗更换，以保证植物工厂内部较高的洁净度。此外，该通风方式会将室内高浓度 CO_2 带至室外，造成 CO_2 的浪费，需合理调配 CO_2 施肥和外循环通风的时间，保证较高的资源利用效率。

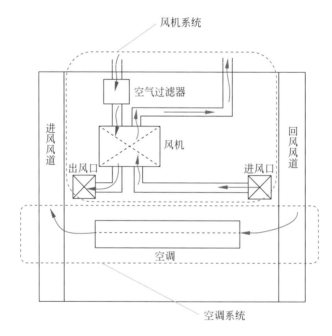

图 9-10　引进室外新风降温原理图

9.2.5　营养液循环系统选配

营养液循环系统是植物营养与水分供给的重要来源，在植物工厂系统中起着运行中枢的作用，因此合理的前期工程设计与适宜的系统装备选配对保证植物高效生产极为关键。营养液循环系统主要由栽培架、栽培槽、营养液池、循环水泵及管路等部分组成。在设计时，需根据栽培技术模式及栽培面积，设计合理的营养液池与栽培槽。如采用深液流栽培（DFT）模式，槽中液面深度通常为 4~6 cm，结合总体栽培面积，可计算出营养液总需求量，并以此为依据进行营养液池的设计。

营养液池总容积通常设计为营养液总需求量的 33%~50%，尤其在大、中型植物工厂内，过大的营养液池在建设与管理上都有一定难度；营养液管路设计的核心是进回水路径布局与管径的选择。一般采用上进水下回水的方式，将主供液管路从各栽培架一端相同位置的上方向下延伸，在每一个栽培层设阀门及供液支管，用以调节各层流量大小与开闭。回液管路通常设置在远离进液口的位置，由各层支管和栽培架回液分管组成，最终由排液分管汇总至回液总管后汇集到营养液池。回液管各支管、分管到总管的管径依次变大，以保证回液时不会出现外溢现象。营养液管路较长，尤其是可能暴露在户外的管路，一定要进行保温处理。

循环水泵对供液效率及效果具有重要影响，当进行水泵选择时，一方面要根据栽培槽内营养液体积与换液目标选择合适的流量，另一方面还需根据最高层营养液槽的高度选择扬程。图 9-11 是典型水泵的工况曲线图，可以看出水泵的流量和扬程呈此消彼长的关系，只有落在工作曲线的绿色区域

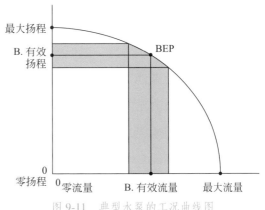

图 9-11　典型水泵的工况曲线图
（图片来源：2KG Training）

时才能获得水泵的最佳工作效率点（best efficiency point，BEP）。值得注意的是，进水管路如果过长或拐弯较多，对扬程会产生明显损失，此时进行扬程选择时需在基本需求的基础上适当提高扬程需求以补偿上述扬程损失。

9.2.6 气流组织布局与设计

适当的空气流动是保证植物工厂温度、湿度与气体均匀性以及植株冠层适宜气流速度的关键。植物工厂内的气流通常由循环风机产生，常见的气流循环方式包括侧进侧回式，侧进上回式以及上进侧回式等多种，具体循环方式的选择需根据植物工厂规模大小及内部栽培架摆放方式进行选择，如面积较小（小于 50 m²）的科研用单间栽培室，可采用侧进侧回方式，使气流方向与栽培架方向垂直，在各栽培层实现较均匀地通风。由于该种形式下风速随着进风口和回风口间距的增加以及栽培架和植物的遮挡，会呈现出逐渐下降的趋势，不适用于跨度较大的生产型植物工厂。此时应选用中央空调、多管道送风的方式，增加植物工厂内出风口及回风口数量，保证各处气流均匀。随着植物工厂通风技术的发展，出现了针对局部栽培区进行精准微环境调控的技术，如立管式通风及根际空气层通风等（详见 4.4.2 节），已经取得了良好的应用效果。

气流设计的另一个很重要的指标是换气次数，即单位时间内植物工厂内送风量与其空间体积之比。过低的换气次数不足以使植物工厂内部热量及时排出，过高又会造成局部气流速度过大，尤其是靠近风口处的植株容易受到机械损伤。与气流布局相关的另一个环境要素是 CO_2 补充与施放，一般情况下 CO_2 施放系统会与通风管道相结合，同时还应考虑植物工厂内光暗期调控策略、目标作物的 CO_2 补偿点、实际的 CO_2 饱和点等要素，进行气罐体积、进气阀门以及释放控制系统的设计。对于引进室外新风的光–温耦合调温系统，还要考虑 CO_2 施放与外循环通风时间，二者不可同时运行，以减少 CO_2 的外泄损失。

9.2.7 总控系统设计

植物工厂总控系统主要由信息采集单元、执行机构、控制硬件与软件等部分组成。为及时掌握植物工厂环境与营养信息及运行状态，植物工厂内一般设计有多种传感器，包括温度、湿度、光量子、二氧化碳浓度、气流等环境因子传感器，以及根际温度、溶解氧、电导率、酸碱度和液位等营养液要素传感器。

植物工厂主要执行机构包括空调制冷/热、风机转速调整、加湿器开闭、二氧化碳钢瓶气阀开闭、光环境（光强、光质、光周期）调节、营养液搅拌器、曝气装置、精量加液泵以及电磁阀等，以保证对植物工厂的实时有效控制。控制硬件装置作为软件和执行机构的重要链接部分，一般由一系列强弱电元件、控制模块以及数字－模拟转换器等硬件组成，一方面可实现对所有传感器传输信息的采集与传输，另一方面通过继电器通断等过程的操作控制执行机构的运行。控制软件的编写由专业软件工程师来完成，一般根据植物工厂用户的控制需求与具体要求编写相关程序，编制过程中双方需要进行深入的交流与沟通，充分领会使用者意图，尽可能把所有控制点位考虑在内。

9.2.8 系统安全

由于人工光植物工厂具有较好的密闭性，因此防水、防火性能尤为重要。保温隔热层建议选择防火性能较好的材料，并安装火灾报警器，同时应设置足够的紧急出口，便于火灾发生时人员的疏散、撤离。在植物工厂施工初期，切记在各个栽培区域预留好直径适当的下水管道，下水管道的数量可根据最大排液量进行设计，以保障废液的畅通排出，避免溢水。此外，在下沉空间建造的植物工厂，应配置水位报警装置，避免因气候或人为因素造成水灾。

第十章

挑战与展望

挑　战

近年来，植物工厂在国内外取得了长足的发展，应用领域不断拓展，产业规模逐渐扩大，但在发展过程中也面临诸多挑战，如初期建设成本较高、运行能耗较大、专业化市场培育不足以及商业化盈利面还不高等。

初期建设成本相对较高： 植物工厂需要在完全封闭的室内环境下进行生产，因此需要构建包括保温外维护结构、空调系统、人工光源系统、多层立体栽培系统、营养液循环系统以及计算机控制系统在内的相关工程与配套装备。与露地、温室大棚等生产方式相比，投资成本相对较高，尤其是人工光源在所有成本中占比较大，占总成本的 40%~50%。虽然近年来植物工厂建设成本在不断下降，但仍然偏高，按一个栽培层面积来计算的话，初期建设成本平均在 1000~1500 元 /m^2。

系统能耗与运行费用相对较大： 能耗问题一直是影响植物工厂发展的主要"瓶颈"之一，能耗成本占其总成本的 28% 左右。植物工厂能耗主要由三部分构成，人工光照明系统约占总能耗的 60%、空调系统约占 35%、营养液循环水泵等其他部分约占 5%。近年来，人工光源逐渐采用 LED 替代传统的高压钠灯和荧光灯，光源能耗得到一定程度的下降，但光源能耗仍会达到每千克叶菜 7~12 kW·h。

专业化市场缺乏培育： 植物工厂采用完全密闭环境下的营养液栽培，避免了土壤栽培中可能存在的细菌、微生物和重金属等污染，而且由于生产环境相对封闭、不直接接触大气，减少了空气中灰尘、病原微生物污染，也不会施用农药与化学制剂。这种在洁净、安全环境下生产出来的高品质蔬菜，生产成本相对较高，如果不能与常规产品形成价格的差异化，肯定会出现亏损。目前，市场对植物工厂蔬菜产品的认知度还不太高，专业化市场培育仍是一个漫长的过程。在日本、美国等国家，植物工厂生产的蔬菜已经有专门的标识和认证，市场售价通常比常规蔬菜要高出 50%～100%。由于我国植物工厂起步相对较晚，专业化市场亟待培育。

商业化盈利面还不高： 植物工厂是一个投入成本相对较高的生产方式，要取得商业化盈利，必须保证有较高的产出，并尽可能减少投入。植物工厂的投入成本一般由两部分构成，一部分为建筑与设备成本，另一部分为生产运行成本；植物工厂产出主要为商品性产品销售的收益。由于植物工厂投入成本相对较高，如果其产品售价与露地、温室生产的产品无任何差异的话，很难获得盈利。目前植物工厂市场培育和品牌推广尚处于起步阶段，商业运营模式尚不成熟，整体盈利面还不高。据日本学者古在丰树教授估计，日本植物工厂约有 30% 盈利，50% 保持盈亏平衡，有 20% 仍在亏损。我国还没有权威的盈亏统计数据，但由于我国蔬菜售价远低于日本，整体盈利比例比日本还会略低一些。

10.2 展望

　　植物工厂作为一个新兴产业形态，虽然在发展过程中面临一定的挑战，但由于其较高的资源利用效率、产品洁净安全以及可吸引大量新生代劳力务农等独特优势，可以破解人类面临的诸多难题，必将在未来食物安全保障中发挥越来越重要的作用。同时，随着植物工厂技术的不断进步与商业模式的持续创新、系统能耗与运行成本的下降，以及专业化市场的逐渐培育，商业化盈利面将会不断扩大。因此，未来植物工厂一定能突破目前的各种挑战，全面普及与推广的时代即将成为现实。

10.2.1　技术进步将推动生产效率不断提升

　　植物工厂规模化应用的关键是产出水平显著大于投入成本，但无论是产出效益的提升还是生产成本的下降，其核心焦点仍是技术的不断创新与突破。近年来，植物工厂技术已经取得巨大进步，尤其在植物光配方与 LED 光源创制、光－温耦合节能环境控制、蔬菜营养品质调控以及基于物联网的智能化管控等方面形成的创新成果，使植物工厂生产效能得到较大提升。预计在不久的将来，随着材料科学、节能工程、人工智能、生物育种等新技术的不断引入，植物工厂必将会在提升系统效率、降低运行成本等技术突破方面取得更大进展。

光效与能效提升技术必将取得重大突破

随着半导体新材料技术的不断进步，任意光质 LED 光源芯片的创制逐渐成为现实，单色光谱对植物光生物学的影响机理及其光配方大数据研究进程将会进一步加快，进而推动光效提升技术的重大突破。通过基于单色光质的植物光生物学效应研究，获取植物不同品种、不同生育期的光配方优化参数，将显著推动基于光配方的植物 LED 节能光源创制技术的进步。通过以植物光合需求为目标的光环境优化控制参数研究，将推动植物全生育期动态光环境智能控制技术的突破，显著提升光源效率。通过垂直移动 LED 光源装置研发，构建基于植株高度变化的动态光源系统。通过激光（LD）植物光生物学机理及其光源系统研发，必将推动植物工厂新型光源及节能光环境控制技术的重大突破，显著降低系统能耗。

植物工厂环境调节的精细化管控，必将会显著提升空调系统能效。通过引进室外自然冷源、光期置于夜晚的光－温耦合节能环境控制技术的研究，将进一步降低空调能耗和电力成本；通过栽培层根际微环境局部调控技术的突破，将会大大降低环境调控能耗、提高能源效率；通过采用低成本清洁能源和新能源技术，将大幅降低电能消耗与运行成本。

空间资源高效利用技术将取得重要进展

土地资源的高效利用越来越受到关注，因此未来植物工厂不断向竖向空间拓展将会是一个重要发展方向。目前，植物工厂的栽培层数普遍在 4~8 层，也有些国家尝试拓展到 15~18 层，我国浙江星菜植物工厂已经达到 20 层，土地利用效率得到大幅提升。预计在不久的将来，进一步向竖向空间拓展到超过 20 层以上的植物工厂将成为常态，但如何实现这类植物工厂气流、温度、湿度、CO_2 等要素的均匀性，以及超高层空间的操作机械、辅助机器人与自动化装备的研究将是今后突破的重点。

机械化与自动化技术广泛应用

劳动力成本约占植物工厂总成本的 25%，降低人力成本、大幅提升系统机械化与自动化水平将是未来植物工厂发展的重要方向。通过环境与生物传感器、决策模型以及物联网技术的应用，可实现对植物工厂环境营养信息、作物生理信息的瞬时动态监控、网络化通信，以及系统多变量协同优化控制；通过对植物工厂从播种到收获全生育期的农艺过程研究，分解出各阶段机械替代人力的技术路径，研制出机械化播种、催芽、育苗、移栽、间苗、收获、包装等成套设备，甚至采用定植机器人、移栽机器人、收获机器人、超高层操作机械手等智能装备，显著提升植物工厂机械化与自动化水平，大幅减少劳动力使用。

专业品种选育将取得重要突破

植物工厂是在环境完全可控的人工光条件下进行生产，与露地、温室生长环境相比差异较大，作物品种需要适应弱光、小温差、较高 CO_2 浓度以及营养要素均衡供给的栽培环境，才能获得较高的资源效率和经济效益。但到目前为止，植物工厂所栽培的作物品种基本来自于露地或温室使用的种子，缺乏专门针对植物工厂特定需求的作物品种。因此，未来植物工厂必须选育出适宜于特定环境下的专用品种，尤其是那些光合效率高、营养丰富、口感好、甚至具有保健功能的作物新品种，以便更好地支撑植物工厂产业发展。

10.2.2　商业模式创新将大幅提升盈利水平与产业化步伐

植物工厂的盈利能力与投资运行成本、商业化模式关系密切。随着技术进步和电商物流等商业模式的不断创新，植物工厂投资与能耗成本将不断下降，产品认可度将会逐渐上升，盈利能力和规模化应用步伐也将不断加快。

投资运行成本下降与商业模式创新将显著提高盈利能力

植物工厂规模化应用的前提是必须能够实现商业化盈利，也就是生产企业或农户的产品销售收益大于投资运行成本。产品销售收益涉及产量与品质、商业化运营模式、大众对植物工厂产品认可度等多个方面，核心是能否实现优质优价；投资与运行成本主要由两部分构成，一部分为建设与设备成本，另一部分为生产运行成本。建设与设备成本涉及建筑、照明设备、电器设备、空调设备、给排水设备、水耕栽培设备、配套机械以及工程费用等各种经费，生产运行成本涉及电费（光源、空调、循环水泵等）、各种材料（营养液、种子、CO_2 气肥等）费、工人劳务费、物资运输费、人员管理费等可变动费用与设备的折旧费等。

目前我国植物工厂一般采用 LED 光源、4 层立体栽培、计算机智能控制系统等设备，建设与设备成本为 4000~6000 元·m^{-2}，耗电量 5~6 kW·h·m^{-2}·d^{-1}，一年可产生菜 600~650 棵/m^2，每棵生菜重量为 100~120 g，生产成本为 2.0~2.5 元/棵生菜，如果销价在 2.5 元/棵以上，就有可能获得利润。

随着技术和商业模式的不断创新，预计到 2022 年，植物工厂建设投资成本将会下降 30%、运行费用降低 50%、产品附加值上升 30%，综合效益将提升 100% 以上，届时植物工厂的盈利能力将会进一步提升。同时，植物工厂蔬菜品质的认知度、品牌效应以及商业化运营模式也将更加成熟，植物工厂经济效益和规模化应用将显著提升。

植物工厂与都市的结合将显著推进产业化步伐

随着城市化的快速发展，人们对就近生产洁净、安全、新鲜蔬菜等食物需求不断上升，同时对家庭、社区等都市场所拓展绿色休闲空间、参与种植体验的需求也将逐年增加，植物工厂实现在城市中"无所不在"正在成为现实，进而推动产业化步伐的加快。通过在城市内部或近郊利用各类建筑、废弃厂房、地下空间等设施，打造可生产各类蔬菜等食物的植物工厂，就近销售洁净安全的蔬菜产品，不仅可减少产地到消费者手中的长距离物流成本与碳排放，而且还可保证蔬菜品质和新鲜度。

随着土地资源的日益紧缺，未来在城市中将会出现众多基于植物工厂的垂直农场，使单位土地效率提高数百倍甚至上千倍，有效解决资源紧缺、人口膨胀等突出问题；同时，随着植物工厂与城市的融合，都市家庭与社区种植蔬菜等食物逐渐成为可能。通过构建社区植物工厂平台，为居民家庭和周边地区提供种子、种苗、资材、肥料、植保、培训等服务，让食物生产单元延伸到城市的各个角落，形成与都市融合的整体，大幅拓展植物工厂应用空间。

此外，植物工厂在特殊场所以及星球探索的应用步伐也将逐渐加快，使人类进入外层空间、月球和其他星球的食物自给成为可能。只要在太空和其他星球有一定的电力（如太阳能）、适当的水资源就可以进行植物生产，从而为人类探索太空、走向外层空间做出积极的贡献。

10.3 建　议

植物工厂作为一种新型的产业方式，具有显著提升资源利用效率、大幅提高作物产量与品质以及可吸引大批年轻人务农等独特优势，是当前或今后一个时期我国设施农业发展的重要方向。但在发展过程中也存在初期建设成本较高、运行能耗较大、商业化盈利面还不高等突出问题，规模化推广应用仍面临一定的瓶颈。因此，我们必须从长远高度出发，加大植物工厂研发与产业化开发力度，并从政策、资金和人才培养等方面给予扶持，为实现植物工厂的全面普及做出积极贡献。

首先，国家应从长远的高度出发，加大植物工厂创新研发力度。植物工厂被国际上公认为设施农业的最高级发展阶段，集中体现了一个国家和地区农业高技术水平，是未来国际农业高技术竞争的热点方向之一。因此，国家应从长远高度出发，继续加大对植物工厂创新研发的支持力度。在国家"十二五""863 计划""智能化植物工厂生产技术研究"等相关项目基础上，针对当前亟待解决的技术瓶颈，尽早启动一批相关专项，重点攻克植物工厂光效与能效提升、竖向空间栽培智能装备、蔬菜品质与功能成分调控、专用作物新品种等前沿关键技术，大幅提升植物工厂资源利用效率和综合效益，加速推进植物工厂产业化。

其次，国家应从培植新兴产业的角度出发，加大对植物工厂政策和资金的扶持力度。植物工厂是一项高投入、高技术、高产出的产业形态，在发展初期，由于投资与运行费用较大、差异化市场培育缺乏、商业化盈利有一定难度，国家政策的扶持必不可少，日本的发展充分证明了这一点。多年来，日本政府采取补贴 50% 的手段，推进植物工厂的发展。如日本东京电力株式会社初期建设的 330 m^2 植物工厂，其建设费用分担比例为：国库补助 50%，地方政府 7%，企业自身 43%。由于企业初期投入较低，该植物工厂运营后，取得了不错的效益。近年来，日本产业振兴厅甚至提出"扶持植物工厂海外出口"计划，通过项目补贴等方式支持植物工厂企业拓展海外市场。因此，我们应该从培植新兴产业的角度出发，将植物工厂纳入国家重点扶持的产业项目之中，在投融资、能源费减收、设备补贴、出口补助等方面给予扶持，

积极推动植物工厂产业的发展；

最后，国家应有计划有步骤地推动植物工厂产业发展，通过试验示范、科普宣传、政策引导等方式，提高大众的认知度和社会对产品的认可度，加快产业化推进步伐。植物工厂的发展离不开所在地区的社会经济环境，区域发展的不平衡以及地区内部的经济差距也会影响到植物工厂的发展。因此，在发展战略上，国家应制定出长远的发展规划和战略部署，在建设区域上，应优先从经济发达地区开始，在北京、上海、深圳、广州、杭州等消费水平较高的大都市建设若干个试验示范基地，进而向全国普及推广。在建设规模上，应坚持循序渐进、先易后难、先小后大的原则，通过小规模应用与示范，逐步摸索经验，进而进行规模化推广。在优先发展领域与市场化模式上，农业科技园区、高品质蔬菜生产企业、城市社区等特殊场所对植物工厂需求最为迫切，应优先考虑在这些区域建设植物工厂，以满足社会的广泛需求。在大众认知和产品认可度方面，应通过移动媒体、平面媒体和新媒体等不同层级的渠道，加大宣传力度，让公众了解植物工厂的生产过程、产品质量与优势等，加快推进植物工厂的普及与产业化步伐。

参考文献

[1] Bian Z H, Cheng R F, Yang Q C, et al. Continuous light from red, blue, and green light-emitting diodes reduces nitrate content and enhances phytochemical concentrations and antioxidant capacity in lettuce[J]. Journal of the American Society for Horticultural Science, 2016, 141(2): 186-195.

[2] Bian Z H, Yang Q C, Liu W K. Effects of light quality on the accumulation of phytochemicals in vegetables produced in controlled environments: a review[J]. Journal of the Science of Food and Agriculture, 2015, 95(5): 869-877.

[3] Bian Z, Cheng R, Wang Y, et al. Effect of green light on nitrate reduction and edible quality of hydroponically grown lettuce (*Lactuca sativa* L.) under short-term continuous light from red and blue light-emitting diodes[J]. Environmental and Experimental Botany, 2018, 153: 63-71.

[4] Brazaitytė A, Viršilė A, Jankauskienė J, et al. Effect of supplemental UV-A irradiation in solid-state lighting on the growth and phytochemical content of microgreens [J]. International. Agrophysic. 2015, 29: 13-22.

[5] Briggs W R, Christie J M. Phototropins 1 and 2: versatile plant blue-light receptors[J]. Trends in plant science, 2002, 7(5): 204-210.

[6] Caldwell M M, Teramura A H, Tevini M, et al. Effects of increased solar ultraviolet radiation on terrestrial plants[J]. Ambio, 1995, 24(3): 166-173.

[7] Cantliffe D J. Nitrate accumulation in vegetable crops as affected by photoperiod and light duration[J]. Journal of the American Society for Horticultural Science, 1972, 97(3): 414-418.

[8] Chen X, Guo W, Xue X, et al. Growth and quality responses of 'Green Oak Leaf' lettuce as affected by monochromic or mixed radiation provided by fluorescent lamp (FL) and light-emitting diode (LED)[J]. Scientia Horticulturae, 2014, 172: 168-175.

[9] Cui J, Ma Z H, Xu Z G, et al. Effects of supplemental lighting with different light qualities on growth and physiological characteristics of cucumber, pepper and tomato seedlings[J]. Acta Horticulturae Sinica, 2009, 36(5): 663-670.

[10] Demotes-Mainard S, Péron T, Corot A, et al. Plant responses to red and far-red lights, applications in horticulture[J]. Environmental and Experimental Botany,

2016, 121: 4-21.

[11] Ellis D R, Salt D E. Plants, selenium and human health [J]. Current Opinion Plant Biology. 2003, 6: 273-279.

[12] Fernandes V F, Almeida L B, Feijó EVRS, et al. Light intensity on growth, leaf micromorphology and essential oil production of Ocimum gratissimum [J]. Rev Bras Farmacogn. 2013, 23: 419-424.

[13] Flint S D, Caldwell M M. A biological spectral weighting function for ozone depletion research with higher plants[J]. Physiologia Plantarum, 2003, 117(1): 137-144.

[14] Franklin K A, Whitelam G C. Phytochromes and shade-avoidance responses in plants[J]. Annals of botany, 2005, 96(2): 169-175.

[15] Frantz J M, Ritchie G, Cometti N N, et al. Exploring the limits of crop productivity: beyond the limits of tipburn in lettuce[J]. Journal of the American Society for Horticultural Science, 2004, 129(3): 331-338.

[16] Gardner F P, Pearce R B, Mitchell R L. Physiology of crop plants[M]. [S.l.]: Scientific Publishers, 2017.

[17] Goto E, Takakura T. Prevention of lettuce tipburn by supplying air to inner leaves [J]. Transactions of the ASABE, 1992, 35:641-645.

[18] Heijde M, Ulm R. UV-B photoreceptor-mediated signalling in plants[J]. Trends in plant science, 2012, 17(4): 230-237.

[19] Hernández R, Kubota C. Physiological responses of cucumber seedlings under different blue and red photon flux ratios using LEDs[J]. Environmental and experimental botany, 2016, 121: 66-74.

[20] Hou J, Li W, Zheng Q, et al. Effect of low light intensity on growth and accumulation of secondary metabolites in roots of Glycyrrhiza uralensis Fisch[J]. Biochemical Systematics and Ecology, 2010, 38(2): 160-168.

[21] Hu Y B, Sun G Y, Wang X C. Induction characteristics and response of photosynthetic quantum conversion to changes in irradiance in mulberry plants [J]. Journal of Plant Physiology, 2007, 164: 959-968.

[22] Huber S C, Huber J L, Campbell W, et al. Comparative Studies of the Light Modulation of Nitrate Reductase and Sucrose-Phosphate Synthase Activities in Spinach Leaves [J]. Plant Physiology, 1992, 100: 706-712.

[23] Johkan M, Shoji K, Goto F, et al. Effect of green light wavelength and intensity on photomorphogenesis and photosynthesis in Lactuca sativa[J]. Environmental and

Experimental Botany, 2012, 75: 128-133.

[24] Jones H G. Plants and microclimate: a quantitative approach to environmental plant physiology [M]. London: Cambridge University Press, 2013.

[25] Kitaya Y. Importance of air movement for promoting gas and heat exchanges between plants and atmosphere under controlled environments[C]//Omasa K, Nouchi I, De Kok L J. Plant response to air pollution and global change. Tokyo: Springer-Verlag, 2005:185-193.

[26] Kläring H P, Krumbein A. The effect of constraining the intensity of solar radiation on the photosynthesis, growth, yield and product quality of tomato [J]. Journal of Agronomy and Crop 2013, 199:351-359.

[27] Kozai T. Smart plant factory: The Next Generation Indoor Vertical Farms. Singapore: Springer, 2018.

[28] Langre E. Effects of wind on plants [J]. Annu. Rev. Fluid Mech, 2008, 40:141-68.

[29] Lee J, Choi W, Yoon J.Photocatalytic degradation of Nnitrosodimethylamine: mechanism, product distribution, and TiO_2 surface modification[J].EnvironSci-Technol, 2005, 39:6800-6807.

[30] Lee J, Choi W, Yoon J.Photocatalytic degradation of Nnitrosodimethylamine: mechanism, product distribution, and TiO_2 surface modification[J].Environ Sci Technol, 2005, 39:6800~6807.

[31] Lee J G, Lee B Y, Lee H J.Accumulation of phytotoxic organic acids in reused nutrient solution during hydroponic cultivation of lettuce (*Lactuca sativa* L.)[J]. Scientia Horticulturae, 2006, 110:119~128.

[32] Lee J, Choi W, Yoon J.Photocatalytic degradation of Nnitrosodimethylamine: mechanism, product distribution, and TiO_2 surface modification[J]. Environ Sci Technol, 2005, 39:6800~6807.

[33] Lefsrud M G, Kopsella D A, Kopsellb D E, et al. Irradiance levels affect growth parameters and carotenoid pigments in kale and spinach grown in a controlled environment [J]. Physiologia Plantarum, 2006,127: 624-631.

[34] Lei B, Bian Z, Yang Q, et al. The positive function of selenium supplementation on reducing nitrate accumulation in hydroponic lettuce (*Lactuca sativa* L.)[J]. J. Integr. Agric, 2018, 17: 837-846.

[35] Li K, Li Z, Yang Q. Improving light distribution by zoom lens for electricity savings in a plant factory with light-emitting diodes[J]. Frontiers in Plant Science, 2016, 7: 92.

[36] Li T, Heuvelink E, Dueck T A, et al. Enhancement of crop photosynthesis by diffuse light: quantifying the contributing factors[J]. Annals of botany, 2014, 114(1): 145-156.

[37] Louis-Martin D, Mark L, Vale´rie O. Review of CO_2 recovery methods from the exhaust gas of biomass heating systems for safe enrichment in greenhouses[J]. Biomass and Bioenergy, 2011, 35(8): 3422-3432.

[38] Mariz-Ponte N, Martins S, Gonçalves A, et al. The potential use of the UV-A and UV-B to improve tomato quality and preference for consumers[J]. Scientia horticulturae, 2019, 246: 777-784.

[40] McCree K J. The action spectrum, absorptance and quantum yield of photosynthesis in crop plants[J]. Agricultural Meteorology, 1971, 9: 191-216.

[41] Miyama Y, SunadaK, Fujiwara S, et al.Photocatalytic treatment of waste nutrient solution from soil-less cultivation of tomatoes planted in rice hull substrate[J]. Plant and Soil,2009,318:275-283.

[42] Mortensen L M, Strømme E. Effects of light quality on some greenhouse crops[J]. Scientia horticulturae, 1987, 33(1-2): 27-36.

[43] Mozafar A. Decreasing the NO_3 and increasing the vitamin C contents in spinach by a nitrogen deprivation method[J]. Plant Foods for Human Nutrition, 1996, 49(2): 155-162.

[44] Neugart S, Schreiner M. UVB and UVA as eustressors in horticultural and agricultural crops[J]. Scientia Horticulturae, 2018, 234: 370-381.

[45] Nishikawa T, Fukuda H, Murase H. Effects of airflow for lettuce growth in the plant factory with an electric turntable [J]. Ifac Proceedings Volumes, 2013, 46(4): 270-273.

[46] Nishimura T, Ohyama K, Goto E, et al. Concentrations of perillaldehyde, limonene, and anthocyanin of Perilla plants as affected by light quality under controlled environments[J]. Scientia horticulturae, 2009, 122(1): 134-137.

[47] Plant factory: an indoor vertical farming system for efficient quality food production[M]. [S.l.]: Academic press, 2015.

[48] Richardson S J, Hardgrave M. Effect of temperature, carbon dioxide enrichment, nitrogen form and rate of nitrogen fertiliser on the yield and nitrate content of two varieties of glasshouse lettuce[J]. Journal of the Science of Food and Agriculture, 1992, 59(3): 345-349.

[49] Rizzini L, Favory J J, Cloix C, et al. Perception of UV-B by the Arabidopsis UVR8

protein[J]. Science, 2011, 332(6025): 103-106.

[50] Runia W T. Elimination of root-infecting pathogens in recirculation water from closed cultivation systems by ultra-violet radiation[J]. Acta Horticulture, 1994:361~371.

[51] Santamaria P, Elia A, Papa G, et al. Nitrate and ammonium nutrition in chicory and rocket salad plants [J]. Journal of Plant Nutrition, 1998, 21:1779-1789.

[52] Sase S, Kacira M, Boulard T, et al. Wind tunnel measurement of aerodynamic properties of a omato canopy[J]. Transactions of the ASABE, 2013, 55(5):1921-1927.

[53] Saure M C. Causes of the tipburn disorder in leaves of vegetables [J]. Scientia-Hort, 1998, 76:131-147.

[54] Shibuya T, Tsuruyama J, Kitaya Y, et al. Enhancement of photosynthesis and growth of tomato seedlings by forced ventilation within the canopy [J]. Scientia Horticulturae, 2006, 109: 218-222.

[55] Sunada K, Ding X G, Utami M S, et al. Detoxification of phytotoxic compounds by TiO_2photocatalysis in a recycling hydroponic cultivation system of asparagus[J]. Agric Food Chem,2008,56:4819-4824.

[56] Taiz L, Zeiger E, Møller I M, et al. Plant physiology and development[M]. Oxford: Oxford University Press, 2015.

[57] Thongbai P, Kozai T, Ohyama K. CO_2 and air circulation effects on photosynthesis and transpiration of tomato seedlings [J]. SciHort, 2010, 126:338-344.

[58] Tokimasa M, Nishiura Y. Automation in plant factory with labor-saving conveyance system[J]. Environmental Control in Biology, 2015, 53(2): 101-105.

[59] Tong Y, Kozai T, Ohyama K. Performance of household heat pumps for nighttime cooling of a tomato greenhouse during the summer[J]. Appl. Engin. Agri., ASABE, 2013, 29(3): 414-421.

[60] Dhanga T T T, Puthur J T. UV radiation priming: a means of amplifying the inherent potential for abiotic stress tolerance in crop plants[J]. Environmental and Experimental Botany, 2017, 138: 57-66.

[61] Velez-Ramirez A I, van Ieperen W, Vreugdenhil D, et al. Plants under continuous light[J]. Trends in plant science, 2011, 16(6): 310-318.

[62] Verdaguer D , Jansen M A K , Llorens L , et al. UV-A radiation effects on higher plants: Exploring the known unknown[J]. Plant Science, 2016, 255:72-81.

[63] Viršilė A, Olle M, Duchovskis P. LED lighting in horticulture[M]//Light Emitting

Diodes for Agriculture. Singapore: Springer, 2017: 113-147.

[64] Wang J, Tong Y, Yang Q, et al. Performance of introducing outdoor cold air for cooling a plant production system with artificial light[J]. Frontiers in Plant Science, 2016, 7: 270.

[65] Wang T, Tian X, Wu X, et al. Effect of light quality on total gypenosides accumulation and related key enzyme gene expression in Gynostemma pentaphyllum[J]. Chinese Herbal Medicines, 2018, 10(1): 34-39.

[66] Wanlai Z, Wenke L, Qichang Y. Reducing nitrate content in lettuce by pre-harvest continuous light delivered by red and blue light-emitting diodes[J]. Journal of plant nutrition, 2013, 36(3): 481-490.

[67] Wargent J J, Jordan B R. From ozone depletion to agriculture: understanding the role of UV radiation in sustainable crop production[J]. New Phytologist, 2013, 197(4): 1058-1076.

[68] Watanabe M, Ayugase J. Effect of low temperature on flavonoids, oxygen radical absorbance capacity values and major components of winter sweet spinach (*Spinacia oleracea* L.)[J]. Journal of the Science of Food and Agriculture, 2015, 95(10): 2095-2104.

[69] Yu J Q, Matsui Y.Phytotoxic substances in root exudates of cucumber (*Cucumissativus* L.)[J]. Journal of Chemical Ecology, 1994, 20, 21-31.

[70] Zhang H, Xu Z G, Cui J, et al. Effects of different spectra on growth and nutritious quality of radish sprouting seedlings[J]. China Vegetables, 2009 (10): 28-32.

[71] Zhang L W, Liu S Q, Zhang Z K, et al. Effects of light qualities on the nutritive quality of radish sprouts[J]. Acta. Nutr. Sin, 2010, 4: 26.

[72] Zhang Y, Kacira M, An L. A CFD study on improving air flow uniformity in indoor plant factory system[J]. biosystems engineering, 2016, 147: 193-205.

[73] Zhang Y, Zhang Y, Yang Q, et al. Overhead supplemental far-red light stimulates tomato growth under intra-canopy lighting with LEDs[J]. Journal of integrative agriculture, 2019, 18(1): 62-69.

[74] Zhou W, Chen Y, Xu H, et al. Short-term nitrate limitation prior to harvest improves phenolic compound accumulation in hydroponic-cultivated lettuce (Lactuca sativa L.) without reducing shoot fresh weight[J]. Journal of agricultural and food chemistry, 2018, 66(40): 10353-10361.

[75] Zhou W L, Liu W K, Yang Q C. Reducing nitrate concentration in lettuce by pre-harvest continuous light delivered by red and blue light-emitting diodes [J].

Journal of Plant Nutrition, 2013, 36:481-490.

[76] 林真紀夫，大田直大山克己ら．施設園芸におけるヒートポンプの有効利用 [M]．東京：社団法人農業電化協会，2009.

[77] 鲍顺淑．密闭式植物工厂中药用铁皮石斛组培生产的适宜光照环境 [D]．北京：中国农业大学，2007.

[78] 卞中华．采收前连续 LED 光照调控生菜硝酸盐代谢机理的研究 [D]．北京：中国农业科学院，2015.

[79] 陈晓丽，Morewane M B，薛绪掌，等．ICP-AES 分析光谱条件对中药蒲公英无机元素吸收的影响 [J]．光谱学与光谱分析，2015(2):519-522.

[80] 胡小凤，刘江．药厂洁净室污染控制措施探讨 [J]．科技与创新，2018(7):89-90.

[81] 李琨，邹志荣．植物工厂生菜根际通风对冠层及根际环境影响 [J]．农业工程学报，2018,35(7):178-187.

[82] 李琨，邹志荣．植物工厂生菜根际通风对冠层及根际环境影响 [J]．农业工程学报，2019,35(7)：178-187.

[83] 李涛，杨其长．设施园艺生产人工补光理论初探 [J]．农业工程技术，2018,38(16):48-52.

[84] 梁宗锁，李倩，徐文晖．不同光质对丹参生长及有效成分积累和相关酶活性的影响 [J]．中国中药杂志，2012,37(14):2055-2060.

[85] 令狐伟，刘厚诚，宋世威，等．LED 绿光补光对黄瓜和番茄幼苗生长的影响 [J]．农业工程技术，2015(28):37-38.

[86] 刘焕，方慧，程瑞锋，等．基于 CFD 的人工光植物工厂气流场和温度场的模拟及优化 [J]．中国农业大学学报，2018,23(5):108-116.

[87] 刘士哲．现代实用无土栽培技术 [M]．北京：中国农业出版社，2004.

[88] 娄钰姣．光质对铁皮石斛生长及次生代谢产物的积累调控 [D]．成都：四川农业大学，2016.

[89] 马群．非单向流洁净室洁净度的理论计算与实验研究 [D]．天津：天津大学，2008.

[90] 宋卫东．空气过滤系统的分类与使用维护 [J]．农业开发与装备，2018(9):47,49.

[91] 宋卫堂，王成，侯文龙．紫外线 - 臭氧组合式营养液消毒机的设计及灭菌性能试验 [J]．农业工程学报，2011,27(2):360-365.

[92] 仝宇欣，程瑞锋，王君，等．设施农业增施 CO_2 利用效率的影响因素及调控策略 [J]．科技导报，2014,32(10):47-52.

[93] 王君,杨其长,魏灵玲,等.人工光植物工厂风机和空调协同降温节能效果 [J].
农业工程学报,2013,29(3):177-183.

[94] 王志敏,宋非非,徐志刚,等.不同红蓝 LED 光照强度对叶用莴苣生长和品
质的影响 [J].中国蔬菜,2011,16:44-49.

[95] 闻婧,杨其长,魏灵玲,等.不同红蓝 LED 组合光源对叶用莴苣光合特性和
品质的影响及节能评价 [J].园艺学报,2011,38(4):761-769.

[96] 吴德铭,郜冶.实用计算流体力学基础 [M].哈尔滨:哈尔滨工程大学出版
社,2006.

[97] 武维华.植物生理学 [M].北京:科学出版社,2003.

[98] 余让才,潘瑞炽.蓝光对水稻幼苗生长及内源激素水平的影响 [J].植物生理
学报,1997(2):175-180.

[99] 余意,杨其长,刘文科.断氮处理提高 2 种氮水平水培生菜品质的效应研究
[J].华北农学报,2015,30(增刊):446-448.

[100] 张浩伟.基于智能控制和云平台技术的远程植物工厂系统研究 [D].天津:天
津工业大学,2017.

[101] 张兆顺,崔桂香.流体力学 [M].北京:清华大学出版社,2015.

[102] 赵琴.Fluent 软件的技术特点及其在暖通空调领域的应用 [J].计算机应
用,2003(s2):424-425.

[103] 郑连金,马增强,肖玉兰.不同光照强度对台湾金线莲生长发育和次生代谢
物合成的影响 [J].安徽农学通报,2016,22(16):25-26,39.

[104] 周秋月,吴沿友,许文祥,等.光强对生菜硝酸盐累积的影响 [J].农机化研
究,2009,31(1):189-192.

[105] 周晚来,刘文科,杨其长.光对蔬菜硝酸盐累积的影响及其机理 [J].华北农
学报,2011,26(s2):125-130.

[106] 周亚波.植物工厂栽培板搬运物流系统的设计及试验 [D].镇江:江苏大学,
2016.